张宝荣 著

"智能+"产品设计
创新思维及应用

化学工业出版社

·北京·

内容简介

本书第一篇重点介绍智能产品设计的理论基础，探讨技术与人文社会变迁的关联，为读者提供深入思考智能产品的方向。第二篇聚焦于设计思维和相应的设计案例，帮助读者更好地理解和应用设计方法。通过这样的行文安排，给予读者全面而系统的智能产品设计基础知识理论与实践方法。本书融合技术与人文，引领智能产品设计之美，旨在为读者提供一个关于智能产品设计的全新视角。在当今快速发展的科技时代，技术正以前所未有的速度深刻改变着我们的生活。本书倡导设计师们将技术融入人文社会变迁的背景与诉求中，通过智能产品设计来满足人们的需求，并为社会带来积极的变革。

本书适合智能产品设计的爱好者和大中专院校相关专业师生阅读参考，理论与实践并重。作者具有丰富的教学与实践经验，倾情分享设计经验与创新思维，助力读者探索智能产品设计的无限可能，开启智能时代的创新之旅。

图书在版编目（CIP）数据

"智能+"产品设计创新思维及应用/张宝荣著． —北京：化学工业出版社，2023.6
ISBN 978-7-122-43742-6

Ⅰ.①智⋯ Ⅱ.①张⋯ Ⅲ.①智能技术-应用-产品设计-研究 Ⅳ.①TB472

中国国家版本馆CIP数据核字（2023）第114089号

责任编辑：陈　喆　　　　　　　　装帧设计：王晓宇
责任校对：王　静

出版发行：化学工业出版社
　　　　　（北京市东城区青年湖南街13号　邮政编码100011）
印　　装：北京天宇星印刷厂
710mm×1000mm　1/16　印张12　字数218千字
2023年6月北京第1版第1次印刷

购书咨询：010-64518888　　　　售后服务：010-64518899
网　　址：http://www.cip.com.cn
凡购买本书，如有缺损质量问题，本社销售中心负责调换。

定　　价：99.00元　　　　　　　　版权所有　违者必究

前 言

工业4.0时代是人人都在设计的时代，在这样的时代下设计师应将技术融入人文社会变迁的背景与诉求中，将最前沿的技术结晶与人们与时俱进的诉求相匹配。本书将从设计学的视角去理解最新科技的应用，洞察在时代发展中人们产生的诉求，捕捉人文社会所产生的新趋势。本书并不会对工业4.0的关键技术进行过多的解释与探讨，处在这个时代的设计师需要利用自己的洞察力来对技术进行有机组合。所以本书对技术的介绍点到为止，更多着眼于新技术对设计产生的影响，思考应持何种设计思维与设计方法去对待新技术。

在今天，产品设计师似乎已经显得"不再重要"！因为产品设计作为一门学科具有跨学科、跨专业的特点，需要同团队中的各个部门协调，利用各自领域的专业知识去完成一款产品的开发与设计。并且设计师需要去理解用户的需求，按照用户的需求去做产品设计，以符合市场的定位。所以在技术日趋复杂的工业4.0时代中，我们应该紧盯科技发展的脚步。未来的产品设计师应该掌握的一项技能是"理解一种新的技术能给产品带来何种新的样貌"，从而灵活运用新技术与新方法进行设计的开拓性探索。

作为产品设计师，我们需要提供连接人类和科技的媒介。科技和设计的伟大结合让那些完美无缝地融入我们生活的产品得以诞生，让"为什么"变得有意义。通过以人为本的技术描述，设计师可以确保产品或服务不仅仅是功能体验，更是真正有价值的体验。我们需要思考科技的应用对人们有什么意义和需求。设计师应该不断质疑："我们为什么要做这些事情？技术中的人性和可能性是什么？"这是设计师在连接人类和技术过程中扮演的角色。

例如，机器人已经在工业制造领域中扮演了越来越重要的角色。机器人可以自动执行重复性工作和有危险性的任务，拓展了人类的能力。我们看到了很多好处，但仍有一个待解决的问题：如何让这些机器人和进行有意义工作的人类共存？初看起来，合作型机器人和敏捷制造貌似是潜在的答案。在这种模式下，机器人技术加强了人类的劳动能力，而非取代了人类。先进的工具可以提供可调整的系统以满足敏捷制造的需求。机器参与制造的关键优势在于它们的可适应性——生产线可以轻松地调整以生产短期定制化产品。当产品需求改变时，机器人具有和人类协同工作的能力（无论是在工厂、仓库还是其他工业场所），这种能力将是至关重要的。人类工作人员负责编程、检查和监督机器人，要么和机器人一起互动去完成那些定制的产品。

我们需要找到最佳方式来促进人与机器之间的关系，这不仅仅是为了应对问题，更是为了在问题出现时能够识别并激发根本性变化，而不是掩盖问题。技术的发展是一个充满挑战和混乱的过程。作为设计师，我们需要在这个变迁的过程中发挥重要作用，不仅要讨论这些问题，更要引领这一变迁的方向。

作者

目 录

第一篇

在设计作为媒介
传播技术的时代

第一章

技术变迁下的设计

第一节　智能技术变迁——发展历程与未来应用方向

一、技术变迁过程

技术变迁过程是整体创新过程的一个关键方面，它涉及通过研发创造新技术。通过了解技术发展过程的不同阶段以及影响每个阶段的因素，决策者、研究人员和行业从业者可以更好地设计出符合大众需求的产品。我们将探索技术的发展过程，借鉴相关数据源和案例进行研究，以提供全面的概述。

1.基础研究

技术变迁过程的第一阶段是基础研究，这涉及生成有关基本科学原理的新知识。基础研究的目的是更好地了解特定领域的基本原则，而不一定考虑特定的应用。希格斯玻色子的发现是基础研究的一个例子。这一发现是由欧洲核子研究中心的物理学家用大型强子对撞机得出的，他们正在进行实验，以更好地了解物质的性质。虽然这一发现没有立即得到实际应用，但它有助于我们理解宇宙的本质。

2.应用研究

技术变迁过程的第二阶段是应用研究，包括利用从基础研究中获得的知识来开发新产品、新流程或新服务。应用研究通常在政府或工业研究机构进行。应用研究的目的是创造具有实际应用且可以商业化的新技术。锂离子电池的发展是应用研究的一个例子。该技术由 John B. Goodenough 和得克萨斯大学奥斯汀分校的团队于20世纪80年代首次开发。目前，该技术已商业化并用于一系列实践应用，包括电动汽车和便携式电子设备。

3.产品开发

技术变迁过程的第三阶段是产品开发，包括设计和测试原型、完善特性和功能，以及优化性能。产品开发的目的是创造满足客户需求的可销售产品。iPhone的开发是产品开发的一个例子。iPhone由苹果公司开发，该公司投入了大量资源来设计和完善产品，以满足客户的需求。iPhone已成为最成功的消费电子产品之一。

二、智能产品关键技术介绍

未来，应用技术将会朝着更互联化、更自动化和更智能化的方向发展。这主要受人工智能（AI）、物联网（IoT）、云计算和5G网络等技术的不断进步所推动。深入了解影响未来应用技术迁移方向的关键驱动因素，有助于决策者、研究人员和行业从业者更好地预测和应对未来的挑战和机遇。

1.人工智能

人工智能是未来应用技术迁移的关键驱动力之一。如今各行各业都逐渐开始应用人工智能技术，这一技术的广泛应用，对现代社会的发展起到了促进作用。机器学习、自然语言处理和计算机视觉等人工智能技术已经广泛应用于自动驾驶汽车、医疗诊断等领域。这些技术使得机器能够学习新的数据并适应新的情境，从而使得它们更加智能化并能够执行复杂的任务。人们既期待又担心人工智能技术成为第四次工业革命的关键技术，它将对人类生活的质量产生重大影响。在设计领域，人工智能被认为是检查当前状态并提升设计水平的重要技术。

2.物联网

物联网技术作为新一代信息技术正在引领新的技术革命和产业革命。物联网通过互联网连接设备和传感器网络。由智能物体、软件和传感器组成的下一代互联网网络，被广泛应用于汽车、建筑、卫生、纺织、教育和运输等领域，并从中收集和共享数据。该技术能够创建智能家居、智慧城市和智能工厂等场景，在这些场景中，设备和系统可以相互通信和协作，从而提高效率和生产力。

3.云计算

云计算是一种让用户能够通过互联网访问并使用计算资源而无需本地基础设施的技术。其作为一种集中的范式出现，使"无限"的计算资源按需使用。云计算通过提供全新的计算和存储方式，为设计师提供了更高效的协作环境、更灵活可扩展的计算和存储能力，以及更好的数据管理和分析能力。这些优势有助于提高设计效率和质量，同时也减轻了设计师在计算和存储方面的负担，使他们能够更加专注于设计本身。

4.5G网络

5G网络是第五代移动通信网络，其特点是超高数据传输速率、低延迟、高移动性、高能效和高流量密度。5G网络能够用于开发需要高带宽和低延迟的新应用程序和服务，如自动驾驶汽车、增强现实和远程手术。这项技术将推动未来的应用技术迁移，以便开发出更加快速、智能和高效的应用和服务。

三、技术变迁对社会的影响

本节我们主要从生产、销售、使用端探讨技术变迁对社会的影响。技术变迁以各种方式影响生产、销售和使用，从而提高了效率和可及性，对整个社会都产生了重大影响。然而，它也引起了人们对工作流失、隐私泄露和数字鸿沟的担忧。以下是技术变迁对社会不同方面的影响的一些比较。

1.对生产端的影响

在生产端方面，技术变迁带来了新工具和新技术的开发，这些工具和技术彻底改变了人们创建、处理和存储信息的方式。文本编辑器、在线数据库和内容管理系统等数字工具使研究、组织和传播信息变得更加容易。技术变迁带来了各种生产过程的自动化，从而提高了生产力。例如，机器和其他自动化系统用于制造业、农业和运输行业，从而增加产出并降低成本。

技术变迁对生产的最重要影响之一是提高生产力，生产力变化是技术变迁的一个重要潜在方面。技术实现了自动化，从而提高了生产的效率，这对社会产生了积极影响，因为在更短的时间内实现了更大的产出，从而带来了经济增长和生活水平的提高。技术对劳动力的影响在社会中是不同的。技术升级必将带来制造业劳动关系的剧烈变化，例如技术变迁使得一些工作可以自动化完成，导致失业和工人需要获得新技能。在社会中，影响更加复杂，一些工作变得过时，而另一些工作则因技术进步应运而生。技术变迁同时带来了社会的创新。例如，新的软件和硬件技术实现了新的创造性表达形式，技术进步带来了新产品和服务的创造。技术使人们更容易访问信息，这使人们更容易学习、沟通并获得产品和服务，从而对社会产生了积极影响。技术变迁对社会生产的影响是显著的，提高了效率、创新性和可及性。

2.对销售端的影响

在销售端，技术变迁催生了新的商业模式和销售渠道。比如亚马逊的Kindle和谷歌图书等数字出版平台，使作者和出版商能够更加便捷地接触到广泛的受众。同时，电子商务平台如亚马逊、阿里巴巴和易贝（eBay）等也改变了人们的购物方式，消费者可以轻松地从世界各地购买商品。技术变迁也催生了直销和基于订阅的服务等新型商业模式的涌现。技术变迁对销售领域的最重要影响之一是使得产品和服务能够被更广泛的受众接触到。随着互联网和社交媒体的普及，产品、服务和思想得以被全球受众接触，这有助于提高其提供者对社会价值观的认知，并对社会产生积极的影响。

技术对社会竞争的影响具有喜忧参半的特点。尽管技术使得中小型企业更容易与大公司竞争，但同时也加剧了来自在线零售商的竞争。这给一些中小型企业的发展带来了阻力，因为这些企业可能难以与规模更大、资金更充足的公司竞争。同时，技术的发展也使社会中的个性化营销成为可能。例如，一些企业可以使用数据分析向个人客户提供个性化产品推荐和营销信息，这使企业更容易与个人客户建立联系，从而对销售产生积极影响。然而，技术对社会伦理的影响仍然是一个要持续关注的问题。随着社交媒体和在线销售的兴起，存在数据泄露和滥用个人信息等不道德行为的风险。这可能会对一些企业的声誉和客户信任产生负面影响。因此，技术变迁对销售端的影响具有显著的覆盖范围并促进了个性化程度的提高，但其对竞争和道德的影响更加复杂，既有积极的效果，也有消极的效果，需要引起足够的重视。

3.对使用端的影响

技术变迁对于人类社会的影响是广泛而深远的。在使用端，技术变迁不断推动新设备和应用程序的开发，这些创新性的工具和平台改变了人们沟通、学习和娱乐的方式。特别是在社会学科领域，数字化工具如在线课程和多媒体内容等，让人们更容易从世界的任何角落获取知识和信息，推动了社会学科的跨越式发展。同时，在社会层面，技术变迁也推动了视频游戏、流媒体服务和社交媒体平台等新的娱乐形式的出现。这些娱乐形式不仅改变了人们的娱乐方式，更进一步塑造了人们的社交和互动方式，使在线社区和社交网络成了新的社交平台。

第二节　工业4.0时代的变迁

一、"工业4.0"

1.工业4.0的概念

"工业4.0"起源于德国，是在2013年4月的德国汉诺威工业博览会上被提出来的，同时也是德国政府正式提出的国家级科技发展战略。这是一个用来描述目前正在发生的第四次工业革命的术语，指的是将先进技术集成到制造过程中，目的是创建更高效、更灵活、更互联的系统。工业4.0的特点是使用先进的机器人、人工智能、物联网、云计算和其他尖端技术。关键方面之一是"智能工厂"的概念。这些工厂配备了传感器和其他设备，使其能够实时收集和分析数据。这些数据可用于优化生产流程、减少浪费和提高产品质量。智能工厂还可以实现更广泛的定制和灵活性，因为它们可以快速适应需求或产品规格的变化。工业4.0的另一个重要方面是使用人工智能和机器学习，这些技术可用于分析大量数据，并对未来趋势或结果进行预测；它们还可用于自动执行某些任务，例如质量控制或维护，这可以提高效率并降低成本。工业4.0的目标是创建一个更互联、更智能、更灵活的制造系统，能够快速响应不断变化的客户需求和市场条件。

2.应用工业4.0的行业

虽然这种转型肯定存在挑战，例如对员工新技能的需求和对就业的潜在影响，但潜在的好处是巨大的，并可能带给制造业更可持续的和繁荣的未来。为了更好地了解工业4.0的影响，让我们看看对不同行业的一些案例的研究。

（1）汽车行业

汽车行业一直处于工业4.0的最前沿，许多汽车制造商在其工厂实施了先进的机器人和自动化技术。例如，宝马在德国的智能工厂使用7000多台机器人来组装汽车，每台机器人都配备了传感器和摄像头，使其能够检测缺陷并相应地调整运动，这使得生产效率和产品质量有了显著提高，宝马表示其缺陷减少了5%，生产率提高了30%。

（2）食品和饮料行业

食品和饮料行业一直在采用工业4.0技术来提高效率和减少浪费，工业4.0技术也可以提高企业在国际市场上的竞争力。举例而言，百事公司旗下的菲多利公司

（Frito-Lay）采用了智能制造系统，该系统通过传感器实时监测生产过程，使得公司能够优化其生产流程、减少停机时间，并提高生产率。

（3）医疗保健行业

医疗保健行业一直在积极探索和应用工业4.0技术，以提高对患者的护理水平并降低医疗成本。随着人工智能技术的快速发展，医院开始使用人工智能驱动的系统来分析医疗图像，辅助医生进行疾病诊断。这种技术能够快速而准确地判断病变部位和病变类型，从而提高医疗诊断的精度和效率。

（4）零售业

近年来，零售业一直在不断探索工业4.0技术，以提升客户体验和购物效率。例如，亚马逊的无收银商店采用计算机视觉、传感器和机器学习算法实现自动检测客户取货并相应收费，从而简化购物流程并减少等待时间。工业4.0时代，技术的发展速度呈现几何级数增长，受到计算能力的提升、数字技术的广泛应用以及设备和系统的互联日益增强的推动。如此快速的技术发展，显著提高了多个行业的生产力。

然而，值得注意的是，技术变迁的步伐同时也带来了新的挑战。在当今数字化时代，技术已成为社会不可或缺的一部分。技术的进步深刻影响着我们的生活和工作方式。正如马克思所指出的，科学技术是一把"双刃剑"，既能促进社会的发展，也可能导致人类的贫困和不平等。因此，在工业4.0技术推广和应用的同时，我们需要深入探究工业4.0技术的本质和其对社会和生活的影响。正确的价值观和道德准则，可以确保这项技术的应用符合人类的利益和社会的发展需求。此外，我们也需要重视技术教育和培训，提高人们应对技术变迁的能力。在这个数字时代，哲学思辨不仅是一种需要，更是一种责任。

二、万物互联的时代

沿着第三次工业革命的道路向前望去，世界的变局即将到来，物体将以一种全新的姿态为人类提供服务。利用通信网络技术实现物体与物体的连接，打破物体之间的信息孤岛，使人与物共处一个网络中。

1.物联网时代

自工业革命以来，技术的发展与人类的需求不断地在以"上楼梯"的方式互相促进着，人们对美好生活的向往促进着新科技的诞生，超前的新技术又催生出人们新的需求。在当下，物联网技术已经存在，我们需要做的是发现物与物的正确连接方式，并不断地将恰当的技术应用于物联网。

物联网由智能手机、平板电脑、智能手表和其他可以连接到互联网和彼此连接的设备等的激增所催生。物联网是指连接到互联网并可以相互通信的设备和系统组成的网络。物联网对医疗保健、运输、制造业和能源等行业都有重大影响，它能够创建更智能、更高效的系统，可以提高生产力，降低成本，并提高人们的生活质量。以下是物联网的一些特性。

（1）信息扁平化

万物互联的时代，通过互联网和其他通信技术可以增加各种设备和系统之间的连接性。这种连接性使设备和系统能够相互通信和交换数据，创建一个可以无缝协作的互联设备和系统的网络。这项技术将改变我们生活、工作和互动的方式。它可以实时连接世界各地的人和物。这种增加的连接性可以帮助人们更好地沟通、分享知识和在全球范围进行协作，它还允许远程工作和远程办公，使人们的工作方式更加灵活。

（2）服务个性化

通过收集有关用户偏好和行为的数据，为用户提供个性化体验，为企业和组织提供定制的产品和服务，以提高客户满意度；通过自动化流程、减少浪费和改善资源管理来提高系统效率，从而节省成本和更好地利用资源。

（3）数据的风险

万物互联对人类的影响既可以是积极的，也可以是消极的。有了万物互联，出现隐私和安全漏洞的风险会增加。随着越来越多的设备和系统相互连接，被网络攻击和产生数据泄露的可能性越来越大。重要的是，要仔细考虑潜在的利益和风险，并采取措施减少可能产生的负面影响。

2.物联网的构想

即将到来的第四次工业革命将以物联网为核心技术，这区别于前一次工业革命的核心技术——信息物理系统（cyber-physical systems，CPS）。信息物理系统是一个综合了计算、网络和物理环境的多维复杂系统。

所谓万物互联，是指人员、流程、数据以及事物的网络化连接。这种集成由于连接的设备和传感器的激增而成为可能，这些设备和传感器生成了大量数据，可以进行实时分析并生成相应动作。物联网具有改变行业和社会形态、提高生产力和加强创新的潜力。下面将浅谈物联网的未来愿景，包括潜在的发展和趋势，以及相关数据来源和案例研究。以下是一些未来发展的趋势。

（1）连接设备的持续扩展

物联网最重要的发展趋势之一是连接设备数量的增加。这种增加是由智能家居、可穿戴设备和工业物联网应用的激增驱动的。随着越来越多的设备连接起来，日常生活的许多领域都有更大的提升效率的潜力，包括家庭自动化、医疗保健和交通等。

（2）人工智能

人工智能可以为用户提供更个性化和预测性的体验，并为企业和组织提供更高效的决策能力。例如，亚马逊的Alexa和Google Home使用人工智能为用户的查询提供了个性化建议和响应。

（3）分布式系统

随着连接设备数量的不断增长，当前互联网的集中式架构可能变得不那么实用，这会导致未来的连接方式向分布式转变。例如，IOTA是一种分布式分类账技术，可以在物联网设备之间实现小额支付和数据交换。

（4）区块链技术

采用区块链技术可以实现设备之间的安全、透明、分散的通信和数据交换。智能家居、工业物联网、医疗保健和交通等领域的案例研究展示了物联网在不同行业和应用中的潜在优势。

在物联网的发展过程中，需要充分考虑技术创新带来的新挑战和风险，包括数据安全和隐私保护等问题，要采用相应的技术、政策和法律措施来加以应对。同时，还需要重视人才的培养和技能提升，加强行业合作和规范化建设，各方共同推动物联网技术的健康发展，发挥其在经济和社会中的积极作用。

三、物联网、服务和人

物联网用户与物理传感器提供的数据之间的交互是物联网生态系统的一个重要方面。物联网是一个由物理传感器和软件组成的物品组成的网络，物品之间能够交换数据。物理传感器是物联网的支柱，因为它们从现实世界收集数据，并将其传输到基于云的应用程序进行处理和分析。物联网用户以各种方式与这些数据交互，具体取决于设备和应用程序的类型。

物联网用户与物理传感器数据之间的成功交互对物联网应用程序至关重要。用户必须能够访问和理解传感器收集的数据，以便做出明智的决定，并根据这些数据采取行动。因此，物联网设备制造商和应用程序开发人员必须确保用户界面直观、友好，并根据传感器收集的数据提供有效的操作，以及解决物联网存在的隐私保护、数据安全等问题。

1.智能家居服务

物联网设备可用于自动控制家庭中的各种电器和系统，如照明、供暖、空调、安全系统和娱乐系统。在智能家居中，用户可能会通过智能手机应用程序或语音助手与来自物理传感器的数据进行交互。

应用程序可能会显示室内温度、湿度和空气质量的信息，并通过控制恒温器、安全系统、照明和电器等设备，使家庭更智能、更节能。这些设备可以使用智能手机或语音命令进行远程控制，使用户能够节省能源并提高房间舒适度。例如，智能恒温器制造商内斯特开发了一个系统，可以了解房主的偏好，并自动调整温度以节省能源并提高房间舒适度。用户还可以根据传感器收集的数据接收警报和通知，例如，家里的温度太高或窗户保持打开状态，则会发出警报。

2.工业自动化

在工业物联网中，物联网传感器可用于监测和控制各种工业流程，如制造、物流和供应链管理，从而提高效率和节约成本。用户可以通过仪表板或分析工具与来自物理传感器的数据进行交互。数据可能包括机器性能、能耗和产品质量的信息。用户可以使用这些数据来优化流程，预测设备故障，并提高产品质量。

例如，工厂经理可以使用工业物联网数据在机器故障之前为机器安排维护，从而减少停机时间并提高生产率。传感器可用于监控工厂机器和设备的性能，预测维护需求，并优化生产计划。

3.医疗保健服务

在医疗保健物联网中，物联网设备可用于远程监测患者、药物管理和远程医疗，这可以提高护理质量，减少住院人数，并降低医疗保健成本。用户可通过移动通信端的应用程序与来自物理传感器的数据进行交互。这些数据可能包括患者生命体征、药物依从性和活动水平的信息。医疗保健服务提供商可以使用这些数据远程监测患者，检测健康问题的早期迹象，并在发病之前进行干预。

例如，医生可能会使用物联网数据来调整患者的药物剂量，或根据患者的活动水平建议其改变生活方式。可穿戴设备可以监测人们的生命体征，并将数据发送给医疗保健服务提供商，医疗保健服务提供商可以依据数据来定制个性化服务。

4.农业服务

物联网传感器可用于监测土壤水分、温度和养分水平，这可以帮助农业生产提高作物产量，减少用水量，并防止作物受损。物联网在农业中主要用于归纳、识别、监测和反馈，也用于在生产过程中找到关键信息，以实现农业的智能化、科学化和高效化。例如提供作物、土壤条件、天气等实时数据和分析。

传统农业依靠人工观察和经验来决定何时种植、浇水和收获作物。这是一个耗时和依靠经验的过程，并可能出现收益欠佳和资源浪费。借助物联网技术，农业生产者可以收集有关农业生产的实时信息，并使用这些信息就如何管理农业生产做出更明智的决定。

例如，从附近的气象站收集天气数据，用于预测未来天气变化并相应地调整灌溉时间表；收集和分析农业机械数据，以优化生产运营。

物联网正在彻底改变农业生产的方式。通过优化作物生产和减少浪费，物联网技术有助于确保人类能够养活不断增加的人口，同时最大限度地减少对环境的不利影响。

5.智慧城市服务

智慧城市是未来城市发展的趋势。将大数据技术和物联网技术相结合，应用在城市的各个领域，能大大提高城市的先进性，可以更有效地利用资源，减少拥堵。将物联网技术应用到智慧城市的建设中，不仅能够为居民提供便捷的生活环境，提高居民的生活质量，还可以实现数字化的城市管理。为了实现智慧城市，需要收集和分析各种数据。浙江杭州智慧城市在建设中使用的数据包括以下几个方面。

传感器放置在整个城市中，以收集有关交通流量、空气质量、噪声污染和其他环境因素的数据；优化市政方面，废物管理系统利用传感器监测垃圾桶的填充水平，优化垃圾收集路线，减少道路上的卡车数量并节省燃料；公共安全系统利用摄像头和传感器监控公共空间，帮助警方更快、更有效地应对事件。

浙江杭州智慧城市的实施展示了物联网改变城市生活的潜力。通过收集和分析各种来源的数据，可以优化城市基础设施，减少对环境的不利影响，并改善公共服务。尽管智慧城市的建设肯定存在挑战，但其好处是显而易见的，在未来将继续发展。

6.仓储物流服务

物联网设备可用于跟踪库存水平，优化供应链管理，并为客户提供个性化的购物体验，这可以提高销售业绩和客户忠诚度。例如，传感器可用于实时跟踪库存水平，并在库存不足时自动触发重新订购，或使用客户数据为客户提供个性化建议和促销；物联网传感器可用于监控运输车辆的性能，优化路线和调度，并提高安全性，从而降低油耗、成本和预防事故。

物联网技术有可能改变许多行业，并提高世界各地的人们的生活质量。通过收集和分析来源广泛的数据，物联网设备可以帮助组织做出更明智的决策，优化流程，为客户提供更好的产品和服务。

四、万物互联时代的交互方式

设想，你进行一次旅行，开车带着朋友从你所在的城市到附近的城市游玩，你打开智能手机的"社交点评软件"，查看目的地城市的热门景点、热门美食。而未来，可能没有导航软件，有的只是导航这个功能，通过物联网把结果计算出来后安静地等待你去选择。

1.信息化

信息化是一个广义的术语，指的是使用信息技术改变社会各个方面，包括商业、教育、医疗保健等。信息化涉及开发和部署数字系统及基础设施，以便能够收集、存储、处理和共享信息。信息化的目标是提高组织的效率和有效性，并促进人与人之间的沟通和协作。例如，计算机和互联网的广泛采用使得许多业务流程的数字化，如会计、库存管理和客户服务。这种数字化使企业能够更高效地运营，并更有效地为客户提供服务。

2.智能化

智能是指系统自主学习、推理和决策的能力。智能化通常与人工智能、机器学习和机器人等技术相关联，这些技术使系统能够分析数据、识别模式并适应不断变化的条件。智能化的目标是创建可以独立运行的系统，并根据复杂和不确定的信息做出决策。

例如，智能系统可以是一种自动驾驶汽车，可靠地感知环境和辨别障碍物是自动驾驶汽车最重要的能力之一。它使用传感器和算法来导航道路，检测障碍物，并实时做出决策。另一个例子是人工智能驱动的聊天机器人，它可以与客户互动，理解他们的问题，并在没有人工干预的情况下提供相关答案。

虽然信息化和智能化是相关的，但它们代表了技术的不同方面。信息化专注于社会的数字化转型，而智能化则专注于开发能够自主学习和适应的系统。换句话说，信息化是使用技术来改进现有流程，而智能化是创造以前没有的全新能力。

3.信息生活

信息生活系统是指旨在存储、处理和共享信息，但没有能力自行做出决定或采取行动的系统。信息生活系统的包括数据库、搜索引擎和社交媒体平台等。

信息生活系统的用户体验主要集中在获取和操作信息方面。信息生活系统的用户可以搜索、分析和分享大量数据，但是他们必须依赖自身的决策能力来解释这些信息并采取行动。例如，搜索引擎的用户可以输入查询条件并得到相关搜索结果的列表，然后，用户浏览这些结果并评估它们，最后点击与需求最相关的链接。搜索引擎本身并不会根据用户的查询做出任何决策或采取任何行动，它只是检索并显示信息供用户查看。

4.智能生活

智能生活是指在自主学习、推理和决策系统下的产品与服务。智能生活形成了技术视域特征下的生活体验范式。

智能生活的体验更侧重于用户与自主系统的互动和协作。用户可以与这些系统进行交互并将任务委派给这些系统，这些系统可以代表用户做出决策并采取行动。这可以使用户更高效地完成任务。

例如，聊天机器人的用户可以输入问题或请求，并收到聊天机器人的回复。聊天机器人能够分析用户输入的内容，了解其意图，并提供相关的响应，而无须人工干预。聊天机器人自行决策和采取行动的能力使其能够提供比信息生活系统更无缝、更高效的用户体验，促使人们的生活质量得到全面提升。物联网正逐渐演化为人们日常生活中无法缺少的重要部分。

信息生活系统和智能生活系统之间的关键区别在于系统所拥有的自主性和决策能力水平，以及对用户体验的相应影响。信息生活系统专注于提供信息的访问和操作，而智能生活系统则专注于用户与自主系统的交互和协作。

第三节　智能产品开发过程

一、智能产品开发步骤

1.想法提出

在智能产品开发的早期阶段，首要任务是产生想法。这通常从头脑风暴会议开始，通过集思广益来提出新的想法。接下来，需要进行市场研究，以了解潜在客户的需求并确定市场差距。在构思过程中，需要考虑许多因素，如目标受众、竞争对手、技术趋势和监管要求。此外，来自潜在客户或利益相关者的反馈也可以作为一个重要参考，以改善智能产品。因此，为了创造出成功的智能产品，需要进行全面的思考和研究。

2.概念开发

一旦选中一个想法，下一步就是开发一个概念，概述智能产品的关键特性、功能和设计。该概念通常创建为一个文档，包括描述、草图或图表，以解释产品的用途、功能和用户体验。在开发概念时，重要的是要牢记用户的需求和期望。

3.设计过程

本阶段涉及为智能产品制定详细的技术规格、绘制原理图和制定工程计划。设计阶段还包括选择产品所需的硬件和软件组件以及设计用户界面。在这个阶段，重要的是要考虑成本、可制造性、可扩展性、用户体验和监管要求等因素。

4.原型设计

在这一阶段，使用3D打印或其他快速成型技术构建智能产品的物理原型。原型经过测试，以确保其符合技术规格和用户要求。原型设计的目的是测试设计概念，并确定在产品进入下一阶段之前可能需要解决的任何缺陷或问题。

5.测试和验证

一旦创建了原型，就会在各种场景中对其进行测试，以确保其按预期运行并满足用户的需求。这个阶段涉及严格的测试和验证，以识别和解决任何技术或可用性问题。该产品在不同的环境和条件下进行测试，以确保它在现实世界中可靠工作。

6.制造

一旦原型经过测试和验证，就会进入制造阶段。这包括选择制造合作伙伴，建立生产线，并确保质量控制流程到位，以保证每个产品都符合相同的高标准。在建立制造流程时，考虑可扩展性、成本效益和可持续性等因素很重要。

7.发布和分销

将智能产品推向市场，并通过各种渠道分销，如在线商店、零售店和直销。发布阶段包括营销和促销，以引起人们对产品的兴趣。这也是向受众展示产品的阶段，重要的是要确保营销信息与产品的目的和功能保持一致。

8.发布后支持

发布智能产品后，通过在线论坛、客户服务和软件更新等为客户提供持续支持。这个阶段还包括收集客户反馈信息，以确定需要改进的地方和未来产品开发的方向。收集的反馈信息可用于改进产品功能、修复任何问题或满足客户的需求。

二、智能产品的技术应用介绍

1.智能家居技术

智能家居技术是以住宅为平台,利用综合布线技术、网络通信技术、安全防范技术、自动控制技术、音视频技术将与家居生活有关的设施集成,构建高效的住宅设施与家庭日程事务的管理系统,可提升家居安全性、便利性、舒适性、艺术性,并实现环保节能的居住环境。智能家居不仅有传统家居的功能,同时兼备建筑信息共享技术、设备的自动化和全方位的信息交互功能,允许房主使用智能手机或其他连接设备来管理和控制家中的系统和设备,包括智能恒温器、智能照明系统、智能安全系统、智能锁等,甚至冰箱和烤箱等智能电器。这些系统和设备旨在为房主提供对房屋的更多控制权,并帮助他们节省能源和降低生活成本。例如,智能恒温器可以根据用户的喜好和习惯自动调节温度,而智能照明系统可以编程为没有人在房间时关灯。

2.可穿戴技术

可穿戴技术是指可以穿戴在身体上的设备,如智能手表、健身追踪器和健康监测设备。这些设备使用传感器和其他技术来跟踪各种健康指标,如心率、采取的步骤和燃烧的卡路里。它们还可以提供通知和警报,甚至控制其他智能设备。例如,智能手表可用于控制智能家居设备或通过连接的扬声器播放音乐。

3.汽车技术

智能产品正在被集成到汽车中,使驾驶更安全、更方便、更令人愉快。这包括自动驾驶系统、信息娱乐系统和传感器等,可以检测道路上的潜在事故或危险。自动驾驶技术使用传感器和其他技术允许汽车自行驾驶,从而降低人为错误造成的事故风险。信息娱乐系统为司机和乘客提供娱乐和信息,而传感器可以检测道路上的潜在危险,并提醒汽车采取行动。

4.工业和制造技术

智能产品正在工业和制造领域使用,以提高效率、降低成本和提高安全性。这包括传感器等,可以监控设备并在故障导致停机之前检测出故障,可以自动执行任务和改善工作流程。例如,智能输送带系统可以通过编程自动将产品从一个位置移动到另一个位置,从而减少对体力劳动的需求。

5.消费电子产品

智能产品正在被集成到各种消费电子设备中，如智能电视、智能手机和家庭音频系统。这些设备为用户提供了对娱乐体验的更多控制，并且可以连接到其他智能设备以获得集成体验。例如，智能电视可以连接到智能扬声器，允许用户使用语音命令控制电视。

智能产品正广泛应用于各种技术领域，为用户提供更大的便利性和安全性。这些产品不仅改善了人们的生活、娱乐和工作的效率和互联性，而且在不断推动技术创新，以为用户带来更多有用的应用。随着技术的不断进步，我们有理由期待未来智能产品的持续发展和创新。

第四节　工业4.0时代的核心技术

一、信息物理系统（CPS）

1.信息物理系统的概念

信息物理系统是一种工程系统，是实现计算、通信以及控制技术深度融合的下一代工程系统，它将物理过程与计算和通信技术相结合，以创建集成的智能系统。信息物理系统通常涉及各种物理组件与数字组件的集成。

信息物理系统可以在广泛的应用中找到，包括运输、制造、医疗保健、能源和环境监测。它们通常旨在优化复杂物理系统的性能，提高安全性和可靠性，并启用新的应用程序和服务。在信息物理系统中，物理组件与数字组件实时交互，形成一个闭环系统。物理组件向数字组件提供反馈信息，然后数字组件使用该信息做出决策并控制物理过程。这种反馈回路使系统能够适应不断变化的条件，并随着时间的推移优化其性能。信息物理系统通常依靠传感器和执行器网络来收集数据和控制物理过程。传感器收集的数据可用于监控系统状态、检测异常并预测未来行为。然后，执行器可用于控制系统，并根据传感器收集的数据进行调整。信息物理系统具有改变各行业和改善人们生活质量的巨大潜力，使它们启用了新功能，提高了效率、安全性和可靠性。

2.信息物理系统技术组件

信息物理系统由几个技术组件组成，这些组件共同构建互联设备网络。

（1）物理组件

物理组件是指传感器、执行器和其他设备。传感器用于检测物理环境的变化，如温度、压力和运动。执行器用于控制物理系统，如电机、阀门和泵。

（2）数字组件

数字组件是处理数据和与其他设备通信的硬件和软件。这包括计算机、服务器等。数字组件用于处理和分析来自传感器和其他设备的数据，以及控制执行器和其他物理组件。

（3）通信网络

通信网络用于将物理和数字组件连接在一起。这包括有线和无线网络，如Wi-Fi、蓝牙和互联网。通信网络用于在设备之间传输数据，使设备能够一起工作来执行复杂的任务。

（4）数据分析和人工智能

该组件用于分析来自传感器和其他设备的数据，并根据这些数据做出决策。这包括机器学习、深度学习和预测分析等技术。通过分析来自传感器和其他设备的数据，信息物理系统可以做出实时决策并优化物理系统以最大限度地提高效率。

3.信息物理系统的应用

（1）制造业

信息物理系统利用传感器和数据分析技术，可以实现从生产线优化到预测性维护的多种应用。在制造业领域，信息物理系统可以优化制造流程，减少停机时间；并且，利用传感器进行预测性维护，可以预测设备故障的可能性，并在故障发生前进行维护。例如，大众汽车在其制造工厂实施了信息物理系统，建立了一个互联设备网络，能够相互通信并执行任务，无须人工干预。该方法使计划外停机时间减少了90%，维护成本降低了30%。因此，信息物理系统在制造业中具有广泛的应用前景，可以为企业带来显著的效益和竞争优势。

（2）运输业

该领域的应用包括自动驾驶汽车、交通管理和预测性维护。通过使用传感器和数据分析技术，信息物理系统可以帮助优化交通流量并减少拥堵。其还可用于运输系统中的预测性维护，传感器可以检测车辆或基础设施何时可能发生故障，并在发生故障之前进行维护。例如，优步使用信息物理系统来优化其网约车服务，预测乘车需求，并将司机定位在正确的位置以满足该需求；通过使用信息物理系统，滴滴可以减少客户的等待时间并提高司机利用率。

（3）医疗保健业

该领域的应用包括患者远程监测、医疗设备监测和药物管理。通过使用传感器和数据分析技术，信息物理系统可以帮助改善患者治疗结果并降低医疗保健成本。其还可用于患者远程监测，通过传感器可以检测患者健康的变化，并在医疗紧急情况发生之前提醒医疗保健服务提供者。例如，飞利浦使用信息物理系统监测医院，该公司开发了一系列配备传感器的医疗设备，可以与其他设备和医疗保健服务提供商通信。

（4）能源行业

该领域的应用包括智能电网管理、可再生能源优化和能源效率管理。通过使用传感器和数据分析技术，信息物理系统可以帮助优化能源生产并降低能源消耗。其也可用于智能电网管理，传感器可以检测能源需求的变化，并相应地调整能源生产。例如，杜克能源公司在其发电厂实施了信息物理系统，创建了一个传感器和数字设备网络，可以监控能源生产并优化能源效率。这种方法使能源消耗减少了10%，温室气体排放量减少了25%。

二、云计算

云计算是一种计算范式，使"无限"的计算资源按需可用，通过互联网以按需和按次付费的方式提供计算服务，如计算能力、存储和应用程序。在这个范式中，用户可以访问和使用计算资源，而无须拥有或管理它们，从而降低与基础设施和维护相关的成本。近年来，云计算因其众多优势而广受欢迎，包括高效率、可扩展性和灵活性。这些优势使云计算成为对各种规模的组织有吸引力的选择。

1.云计算的优势

（1）节省成本

云计算消除了用户购买和维护昂贵的硬件和软件的需求。用户可以按付费使用的方式使用计算资源，从而降低成本并改善现金流。

（2）可扩展性

云计算允许用户根据需要向上或向下扩展其计算资源。这意味着用户可以根据需求的变化快速轻松地添加或删除资源。

（3）灵活性

云计算允许用户通过互联网从任何地方访问计算资源。这可以实现远程工作并增加灵活性。

（4）灾难恢复

云计算允许用户将数据存储在远程位置，从而降低火灾或洪水等灾难发生时数据丢失的风险。

（5）协作

云计算允许多个用户同时访问和处理相同的数据。这可以实现协作并提高生产力。

2.云计算的挑战

（1）安全性

虽然云计算提供商有强大的安全措施，但数据泄露和受到网络攻击的风险始终存在。

（2）网络延迟

云计算性能可能会受到网络延迟和带宽限制的影响。这可能会影响应用程序的性能并增加延迟。

（3）数据可移植性

在不同云提供商之间移动数据可能具有挑战性。这可能会使用户难以切换提供商或将数据迁移到不同的云中。

云计算改变了组织部署和管理其IT基础设施的方式。云计算具有多个优势，包括可扩展性、节约成本、灵活性和灾难恢复等。然而，它也带来了一些挑战，包括安全性、合规性和数据可移植性等。在采用云计算之前，组织必须仔细评估要使用的云的云部署模型、服务和架构，以确保其能够实现目标，并同时保持必要的安全性和合规性标准。

三、增材制造

增材制造（additive manufacturing，AM）技术是采用材料逐渐累加的方法制造实体零件的技术，相对于传统的材料去除-切削加工技术，是一种"自下而上"的制造方法。增材制造，也称为3D打印，是通过逐层构建数字3D模型来创建物理对象的过程。这是一种颠覆性技术，有可能通过更快、更便宜、更灵活地生产复杂零件和产品来彻底改变制造业。

1.增材制造的种类

（1）熔融沉积建模（FDM）

这项技术通过喷嘴挤出熔化材料，如塑料，以逐层堆积零件。

（2）立体光刻（SLA）

该技术使用激光逐层凝固液体树脂以创建零件。

（3）选择性激光烧结（SLS）

该技术使用激光逐层烧结（熔化）粉末状材料，如金属或塑料，以创建零件。

2.增材制造的优势

（1）造型丰富

增材制造的关键优势之一是能够创建使用传统制造技术难以或不可能生产的复杂几何形状。其可以生产更轻、更坚固、更高效的零件和产品，以及创建针对特定客户需求的定制产品。

（2）按需制作

增材制造的另一个优势是能够按需生产零件和产品，几乎没有交货时间。其可以实现更快的原型创建和迭代，以及更快的成品生产。

（3）可回收性

增材制造可以通过只使用制造零件所需的材料来减少浪费并提高可持续性，而不是从大的材料块去除不需要的材料。

然而，增材制造也存在一些限制和挑战。关键挑战之一是可以使用的材料范围有限。另一个挑战是生产成本，特别是大型或复杂的零件，生产成本可能比传统制造技术高得多。

3.增材制造技术的应用

（1）原型设计制作

增材制造最常见的应用之一是原型设计。其快速创建物理模型的能力允许快速进行原型的迭代，并减少原型设计的时间和成本。增材制造使设计师能够在产品进入生产之前创建复杂几何形状的原型并测试其功能特性。

（2）生产零件

增材制造正越来越多地用于生产零件，特别是在需要小批量和高价值零件的行业。增材制造可用于生产具有复杂几何形状的零件，这些零件很难或不可能用传统制造方法生产。此外，增材制造可以减少与传统制造方法相关的交货时间和成本。

（3）生产工具

增材制造也被用来生产用于传统制造的工具。工具通常使用昂贵且耗时的工艺生产，如数控加工或铸造。增材制造可以生产具有复杂几何形状的刀具，并减少与传统制造方法相关的时间和成本。

（4）医疗应用

增材制造有许多医疗上的应用，例如生产个性化的假肢和植入物。其创建复杂几何形状的能力可以用来生产定制的植入物，以改善患者的预后。增材制造也用于生产医疗模型和手术指南，这可以帮助外科医生更准确地计划和执行复杂的手术。

四、增强现实（AR）

增强现实是一种将数字信息叠加到现实世界的技术，允许用户以更身临其境和互动的方式与数字内容互动。其可以通过各种设备体验，如智能手机、平板电脑、头戴式显示器和智能眼镜。使用增强现实技术，用户可以像在现实中一样查看虚拟物体并与之互动，增强他们对周围世界的感官体验。

1.增强现实的应用领域

增强现实技术因其能够为用户提供身临其境和互动的体验而越来越受欢迎。下面将探索增强现实技术的应用，包括产品案例分析及其对各行业的潜在影响。

（1）营销和广告

增强现实已成为企业的流行营销工具，特别是在零售行业。增强现实技术允许客户在虚拟环境中体验产品，这可以帮助他们就购买什么做出明智的决定。增强现实营销活动可以使用消费者广泛使用的移动应用程序来执行。可口可乐、欧莱雅和乐高等公司都发起过增强现实营销活动来推广它们的产品。增强现实营销的一个典型例子是宜家的应用程序，它允许客户在购买前将虚拟家具放置在家中。这项技术为客户提供了家具在家中布置的准确展示，帮助他们做出更明智的购买决定。

（2）教育和培训

增强现实技术已经成为教育和培训的重要工具，它可以让学生以身临其境的方式与数字内容互动，从而提高他们对复杂概念的理解。增强现实技术还为学习者提供了探索虚拟环境和通过交互模拟学习的机会。在教育领域中，增强现实技术的一个典型例子是解剖学4D应用程序，它可以让学生以3D可视化的方式了解人体。该应用程序使用增强现实技术将数字内容叠加到物理物体上，例如人体图片。学生可以与数字内容互动，了解人体的不同部位。增加现实已成为更具吸引力和互动性的学习方式。

（3）制造和设计

增强现实技术也被用于制造和设计，以提高生产力。该技术可用于可视化设计和模拟生产过程，使工程师能够在生产开始前发现和解决问题。同时，增强现实技术还可用于向工人提供视觉指导，以减少错误并提高效率。波音公司使用增强现实技术为工人提供视觉指导，例如在飞机组装期间，AR眼镜可以指示组件的放置位置，这有助于工人更高效地组装飞机，并减少错误。这种应用也可以减少因操作失误而造成的损失，提高了生产效率。

（4）娱乐

增强现实技术已成为娱乐行业的重要技术，用于为观众提供身临其境的互动体验。增强现实技术用于各种形式的娱乐，包括视频游戏、电影和现场活动；还可用于创建交互式体验，允许观众实时与数字内容互动。它在一定程度上改变了娱乐方式，让用户看到了他们从前无法看到的东西。娱乐领域增强现实的一个典型例子是Pokemon Go游戏，它允许玩家捕捉叠加在现实世界中的虚拟生物。该游戏使用增强现实技术为玩家提供了身临其境的互动体验，增强了整体游戏性。

2.增强现实的应用案例

ARKit是苹果开发的软件开发工具包，用于为iOS设备创建AR应用程序。ARKit为开发人员提供了一系列工具和功能，以创建针对iOS设备优化的AR体验。ARKit使用先进的计算机视觉算法来检测和跟踪现实世界中的物体，为开发人员提供高的准确性和精度。ARKit的一个典型例子是AR Measure应用程序，它允许用户使用iPhone或iPad测量距离和物体。

增强现实技术正在不断发展和改进，正在开发新的工具和功能来增强用户体验。随着增强现实技术的日益普及，其潜在应用可能会扩展到医疗保健、建筑和旅游等新领域。增强现实技术有可能通过为用户提供身临其境的互动体验来彻底改变各个行业。随着技术的不断发展，我们可以期待增强现实技术在不同行业中的更具创新性和创造性的应用。增强现实技术绝对是值得关注的，因为它有潜力塑造各个行业的未来。

五、机器人

1.机器人的出现

新技术使交互更安全，比如让机器人去人类无法到达的地方执行任务，有些机器人往往被设计成人类的样子。机器人的概念是指一种能够半自主或自主工作的机器。机器人的历史已经存在了几个世纪，早期的例子如《隋书》中记载的木偶人。直到20世纪中叶，随着现代机器人技术的发展，才使得功能性机器人的想法成为一种可能。

今天，机器人正在被开发和用于广泛的场景，包括研究、制造、娱乐甚至医疗保健。它们旨在执行人类难以或不可能完成的任务，或者更快、更准确、更高效地完成这些任务。机器人最重要的特征之一是它们能够以自然和直观的方式与人类互动。与僵硬和机械方式移动的传统机器相比，它们可与人类一起交流和工作。为了实现这种交互，机器人应用了传感器、摄像机和其他技术，使它们能够感知周围环境并实时响应人类的输入。它们还可以配备先进的人工智能算法，使其能够从与人类的互动中学习，并随着时间的推移调整自己的行为。

2.机器人的技术挑战

机器人的发展并非没有挑战，最大的挑战之一是创造可以像人类一样移动和互动的机器人所需的技术的复杂性。这需要先进的传感器、控制系统和编程算法，以及复杂的材料和制造工艺。另一个挑战是机器人产生的伦理问题和社会问题。随着机器人变得更加先进和更像人类，产生了关于人与机器之间的关系以及对就业和社会动态的潜在影响的问题。尽管存在这些挑战，但机器人的发展还会继续下去，因为它们给各个领域提供了广泛的潜在好处，无论是在制造业和医疗保健领域，还是在娱乐和科学研究领域。机器人很可能完全改变我们在21世纪的生活和工作方式。

3.无处不在的机器人

机器人的应用范围广泛，涵盖许多领域，如制造、医疗保健、教育、娱乐和研究。在这里，我们将讨论机器人的一些最重要的应用及其对社会的影响。

（1）制造领域

机器人正用于制造，以执行对人类来说危险、单调或对身体素质要求太高的任务。机器人可以被编程来执行一系列任务，如工厂的焊接、油漆和组装。其可以长时间工作而不感到疲倦，从而提高生产力。例如，德国汽车制造商宝马公司正在使用库卡机器人公司的机器人制造汽车。机器人用于搬运重物，例如移动汽车车身；它们可以在工人附近工作，因为它们具有内置传感器，可以检测附近工人的存在。

（2）医疗保健领域

研究人员正在开发用于医疗保健的机器人，为患者和医护人员提供帮助。机器人可以执行患者监测、药物管理和物理治疗等任务。它们还可以协助手术并提供对患者的教育。例如，软银机器人公司（Softbank Robotics）开发了一种名为"Pepper"的机器人，用于日本的医院和诊所，为老年患者提供陪伴服务。Pepper被编程为与患者互动，并为他们提供娱乐服务，例如听音乐和玩游戏。

（3）教育领域

研究人员正在开发用于教育的机器人，以引人入胜的互动方式教学生。机器人可以被编程为与学生互动，回答他们的问题，并为他们提供反馈。例如，由Aldebaran Robotics开发的名为"NAO"的机器人正在法国的学校中用于教孩子们编程。NAO可以被编程执行一系列任务，如跳舞、唱歌甚至讲故事。

（4）娱乐领域

娱乐行业正在使用机器人为电影、视频游戏和主题公园创造栩栩如生的角色和表演者。机器人可以被编程来执行一系列表演任务。例如，迪士尼开发了一种名为"Stuntronics"的机器人，用于在其主题公园表演特技和杂技。Stuntronics旨在像人类一样表演对人类表演者来说太危险的特技。

（5）研究领域

机器人在研究人类行为和开发新技术方面正发挥重要作用。它们能够模拟人类运动和行为，为研究人员提供了探索不同条件和评估对人类试验者影响的平台。例如，意大利的科学家们开发的iCub机器人用于研究人类认知和发展。该机器人被设计成外观和动作类似于儿童，为研究人类运动技能和社会行为的发展提供了平台。

机器人的实现需要先进的传感器和控制系统，以及复杂的算法和制造工艺。通过利用机器人的能力，人类将能够更好地了解自己和开发新技术，从而有望在各个领域实现显著的进步。

4.机器人的应用案例

（1）本田ASIMO机器人

ASIMO是机器人领域最具代表性的实例之一。该机器人身高1.3m，质量约48kg，旨在以自然、直观的方式与人类互动，它能够走路、跑步、爬楼梯甚至跳舞。然而，要实现这种人类化的运动和互动需要先进的传感器、控制系统和编程算法，以及复杂的材料和制造工艺。

（2）波士顿动力公司的机器人

波士顿动力公司的机器人能够以类似于人类的行走方式在困难的地形上执行复

杂的任务，甚至可以从跌倒中恢复运动。它配备了先进的传感器和摄像头，可以感知周围环境并对环境的变化做出反应。它除用于研究和开发，还用于军事和救援。2019年，波士顿动力公司宣布，它已经开发了商业版本。

机器人除了在研发中使用外，还广泛应用于其他领域。例如，在日本，政府对能够为该国老龄化人口提供护理的机器人的开发进行了大量投资。随着技术的不断进步，我们未来可能会看到更多的机器人应用，其将成为我们社会中不可或缺的组成部分。

第二章

人文社会的变迁

　　人作为一种社会性动物，在作出任何决定的背后都有其本质的原因。当大量新鲜事物涌入人们的视野时，就会产生信息噪声，使人们无法像以前一样去甄别产品。工业4.0时代的技术发展速度已超越人们的理解速度，设计师作为技术与人的沟通者不仅需要跟上技术日新月异的步伐，还要站在人的角度审视自己的思想与作品。产品与人有着密切的联系。产品是人设计出来的，最终又回到人的手里。产品生命周期的每一个环节都与人有交集，所以产品和人的关系既复杂又多样。

　　产品与人的关系，需要设计师多维度、多方面地去梳理。本书在上一章中探讨了技术的变迁与发展，本章将探讨人文社会中消费者、使用者与产品之间的关系（图2-1）。

第一节　人文社会对产品面貌的影响

一、人文社会的概念与发展历史

　　（1）人文社会的概念

　　"人文社会"这一概念指的是一种强调尊重每个人的尊严和价值，以及关注人类幸福的社会。几个世纪以来，学者一直在探讨人文社会的概念，而在过去的一千年间，这一概念发生了多次演变，使得人文社会概念得以进一步发展。

　　走向人文社会的最早的运动之一是文艺复兴，它始于14世纪，一直持续到16世纪。文艺复兴的特点是对古典文化重新重视，并突出了人的主体地位和个人成就的价值。在此期间，人们更加关注艺术、文学和科学，这带来了新思想和创新的发展。

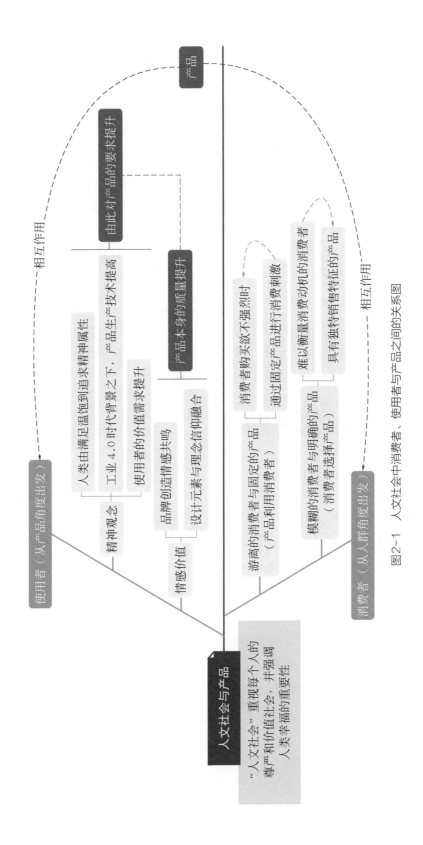

图2-1　人文社会中消费者、使用者与产品之间的关系图

（2）人文社会的发展历史

18世纪：启蒙运动发生在18世纪，是一场影响深远的思想解放运动，是走向人文主义社会的又一重大运动。启蒙思想家对科学和理性极其推崇，并重视个人自由和自治。启蒙运动的思想对现代西方民主的发展和人权的建立产生了重大影响。

18世纪60年代至19世纪40年代：工业革命是一个重要的历史进程，它引起了社会的深刻变迁，包括新技术的发展和资本主义的崛起。尽管工业革命提高了生产力水平，但它也导致了严重的社会和经济不平等。

20世纪：社会发生了重大变化，包括全球化的兴起和互联网等新技术的发展。

21世纪：朝着更人性化的社会不断发展，但也有一些新的挑战必须解决。当今社会面临的最紧迫问题之一是气候变化，这有可能对整个人类社会造成重大损害。人们也越来越关注经济不平等和新技术对就业市场的影响。

人性化的社会的发展是一个漫长而持续的过程，人类虽然在许多领域取得了重大进展，但也有新的挑战必须解决。

二、产品作用于人：景观社会

产品的功能可以对人们的生活产生重大影响，人们使用产品的方式也会导致社会的变化。在本节中，我们将探索产品的功能和人们对它们的使用如何导致社会的变化，重点是案例研究和示例。

（1）智能手机的功能

产品的功能导致社会变化的一个例子是智能手机的发展。智能手机已成为现代生活的重要组成部分，其功能对人们的沟通、工作和社交方式产生了重大影响。随着智能手机的发展，人们现在能够比以往任何时候都更轻松、更快速地相互交流，人们的互动方式发生了变化。例如，社交媒体已成为社会交往的主导力量，许多人用它来与朋友和家人联系，分享信息和想法，并参与各种活动。

由于能够随时随地访问信息并与其他人沟通，人们不再被绑在办公桌前，可以远程工作。这带来了公司运营方式的变化，现在许多企业为员工提供了灵活的工作安排。

（2）电动汽车的发展

电动汽车提供了新的交通工具，减少了驾驶燃油动力汽车对环境的影响。电动汽车的发展有可能大幅减少温室气体排放和改善空气质量，从而创造更健康、可持续的环境。随着电动汽车变得更加实惠和容易获得，还可能导致人们对交通的看法发生变化，越来越多的人选择使用电动汽车而不是传统的燃油动力汽车。

（3）社交媒体

产品的功能也可能对社会产生意想不到的影响。社交媒体的发展导致了人们对技术、对心理健康的担忧。社交媒体会让人上瘾，持续使用可能会导致焦虑和抑郁。此外，社交媒体还可能成为传播错误信息的平台，为社会消极因素推波助澜。

（4）快速时尚对环境的影响

快速时尚是指快速生产廉价时尚服装，这些服装被设计为短时间穿着后就失去价值。快速时尚的功能是为消费者提供负担得起的服装，但其对环境的影响是巨大的。快速时尚的生产需要大量的水、能源和化学品，服装的处理助长了纺织废物的问题。

（5）人们对产品的使用

这方面的一个例子是使用滴滴出行和曹操出行等拼车服务。拼车已成为传统出租车服务的流行替代品，其使用改变了人们对交通的看法。由于拼车的便利性和可负担性，其会更多地被人们选择，减少了对公共交通工具的使用，可能会导致城市设计和建设方式的变化。

（6）共享经济

共享经济是一种社会闲置资源再配置的商业模式，其改变了人们对所有权和消费的看法，许多人选择租赁或共享产品和服务，而不是直接拥有它们。这有可能减少浪费和提高资源的有效利用。然而，共享经济高速发展的同时带来了诸如隐私泄露、人身安全受到伤害等问题和挑战。这些优势与风险引起了人们对传统行业发展的担忧和对这些新商业模式的监管的担忧。

总之，产品的功能和人们对它们的使用可能导致社会发生重大变化，无论是有意还是无意。从智能手机和电动汽车的发展到社交媒体和共享经济的兴起，我们使用的产品塑造了我们的生活方式，并与我们周围的世界互动。虽然一些变化是积极的，例如电动汽车的潜在环境效益，但其他变化可能会产生负面影响，例如与社交媒体相关的心理健康问题。

随着社会的不断发展，新产品开发时要重点考虑产品功能和使用的潜在后果。我们应努力实现产品和技术以有利于个人和社会的方式来使用。

三、人作用于产品：用户共创

人们对产品的需求在不断变化，了解这些变化对于寻求满足客户需求的企业至关重要。在本节中，我们将探索推动人们对产品需求变化的因素，鼓励自主化设计参与到设计过程中，重点是案例研究和示例。

（1）技术变化

随着新技术的发展，人们对产品的期望也发生了变化。例如，智能手机的发展带来了对便携式、多功能和易于使用的产品的需求。人们希望能够访问互联网，拍照，并在设备上与他人沟通，这使许多行业的产品设计和功能发生了变化。

（2）人口结构的变化

随着人口结构的变化，不同消费群体的需求发生了变化。例如，随着"婴儿潮"一代人的老龄化，其对满足他们特定需求的产品和服务的需求随之增加，如医疗保健和退休社区。

（3）电子商务

电子商务和网上购物的兴起带来了人们购买产品的方式的变化。消费者希望能够在线购买产品，这使企业运营方式发生了变化，许多企业将销售重点转移到电子商务和在线销售平台上。

（4）健康领域的重视

新冠疫情使人们对产品的需求产生了重大影响。疫情防控期间，人们花更多的时间在家里，对满足家庭活动的产品的需求不断增加，如家庭健身器材、家庭办公家具和流媒体服务等娱乐产品等。此外，对卫生和清洁问题的担忧使得人们对洗手液、消毒剂和口罩等产品的需求增加。

（5）植物性食品的兴起

随着消费者越来越注重健康和环保，以植物产品作为传统动物产品替代品的需求不断增加。这引发了专注于植物性食品的企业的发展，别样肉客（Beyond Meat）和不可能食品（Impossible Foods）等公司成为市场的主要参与者。

（6）可持续时尚的兴起

随着消费者越来越意识到时尚行业对环境的影响，对可持续和环保时尚产品的需求不断增加。这引发了专注于可持续时尚的企业的发展。

人们对产品需求的变化也可能使产品营销和销售方式发生变化。例如，随着消费者越来越注重健康，对健康或天然产品的需求不断增加，这使得产品的广告和标签发生变化。许多品牌现在强调其产品对健康的益处，并使用天然成分。

总之，在技术变化、人口结构变化、消费者行为和社会趋势等因素的驱动下，人们对产品的需求在不断变化。了解这些变化对于寻求满足用户需求并在市场上保持竞争力的企业至关重要。通过满足不断变化的消费者需求，并相应地调整其产品和营销策略，企业可以在不断变化的市场中保持领先地位。

第二节　使用者与产品相互作用

一、精神观念对产品的作用

1.尼安德特人的鹿蹄雕刻与马斯洛的需求层次理论

在5万多年前，当尼安德特人拿起猎物的骨头对其刻画的时候，人类已经开始了对精神的追求。

这枚鹿蹄雕刻高约2.4英寸，宽1.5英寸。它有一个平坦的底座，可以直立放置，刻在骨头上的缺口长约0.5英寸到1英寸之间，成90°角，这意味着它们"不是屠宰式的切割"。这表明尼安德特人有能力进行复杂的行为，包括创造艺术形象。

这种精神追求只有在满足了生存需求之后才会衍生出来。马斯洛需求层次理论将人类的需求描绘成金字塔式的等级：生理（维持正常生理活动）、安全（确保生命的延续）、社交（建立与他人的关系）、尊重（自尊与获得他人的尊重）、自我实现（人们追求实现自己的能力或者潜能，并使之完善化）。与之相对的，产品设计师应有满足人们精神需求的使命感，产品设计不仅仅是实现产品的基本功能，应更多地关注使用者的感受。

2.超级工厂时代

在工业4.0时代，生产力不断提高，人们对精神满足的追求已经使产品的面貌有了不小的改变。只能够满足基本功能的产品正在趋于大批量、低成本生产，价格呈指数级降低，例如大量使用的一次性产品。由于需求的基数足够大，生产成本均摊的基数大，所以价格在不断降低，同时差异化也在逐渐地减弱。但人们追求产品差异化的精神满足在显著增强，自我的标榜以及个性化的表达往往能满足使用者的精神追求。例如化妆品是典型的精神属性产品，已经成为继衣食住行之外的重要消费品类之一，产品附加值的提升需要强有力的文化底蕴，因此中国本土化妆品如雨后春笋般地出现。究其原因，依托于先进的生产技术、生产成本的降低和工艺水平的提高。设计师要思考这个时代的技术能给人们带来什么，从而设计出属于这个时代的产品。

3.消费者的情绪价值

产品体现的消费的情绪价值是消费者精神追求的重要表现，包括痛点、痒点、爽点，其满足着消费者不同的需求。痛点：必须及时解决的用户问题，具有普遍性、稳定性。痒点：是在基础需求基础上的"增值服务"，具有差异性。爽点：满足基本需求之外的创造性功能，具有多变性。痛点的市场需求是有限的，而痒点、爽点的市场需求是可以不断地被创造的，只要发挥想象力就能不断地用痒点和爽点占据用户的心理。产品是通过解决问题而产生价值的，解决的问题越多，价值就越大。设计师在设计的时候需要立足于消费者的情绪价值，挖掘背后的情绪点。

（1）基本型需求：痛点

痛点是消除"恐惧"。典型案例是共享充电宝，它能解决用户的燃眉之急，使用用户在手机快没电的情境下获得安心感。痛点是需求的基本因素，具备度越高，满意度也就越高。对应的是马斯洛需求层次理论中的生理与安全，是衡量一个产品能用的标准。但是痛点的需求展现出来的是单调递减函数趋势，具有边际效应。并不是具备度越高越好，因为烦琐的功能会增加用户的选择负担。作为设计师，应该找到函数曲线上的"甜蜜点"，才能设计出繁简适中的产品。

（2）期望型需求：痒点

痒点是满足虚拟的自我。典型的案例是大疆无人机，它让用户实现在飞行中拍摄的愿望，利用的是人们对天空的向往。痒点是需求的期望因素，具备度和满意度成正比。对应的是马斯洛需求层次理论的社交与尊重是衡量一个产品好用的标准。并不会出现边际效应，不会因具备度的增高而减缓满意度的增长。这也是对设计师的挑战，因为它要建立在解决痛点的基础之上，需要设计师从多方面去寻找解决痒点的方法。

（3）兴奋型需求：爽点

爽点是即刻的满足感，是超越人正常感官的刺激，是成瘾的体验。典型的案例是智能手机的相机，拍得到比拍得好重要得多。爽点是需求的期望因素，具备度和满意度呈单调递减函数的趋势。其和痛点一样也存在着边际效应，在具备度达到一定程度时，不会因为具备度更高而使满意度增高（图2-2）。

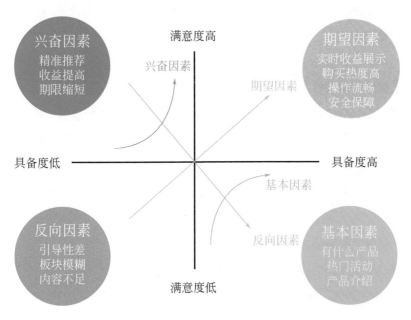

图2-2 兴奋因素逻辑关系

二、产品的情感价值：情感如何影响消费者行为

产品通常被视为功能性对象，旨在执行特定任务或满足特定需求。然而，产品也可以为消费者带来情感价值，影响他们的购买决策和对产品的整体满意度。了解产品的情感价值对于寻求与目标受众产生共鸣并推动销售的企业至关重要。在本节中，我们将探索产品中情感价值的概念，情感如何影响消费者行为，以及企业如何利用情感来创造成功的产品。

产品中的情感价值：情感价值是指产品向消费者提供的情感利益，而不是其功能利益。情感价值可以有多种形式，例如拥有奢侈品带来的自豪感或成就感，来自值得信赖的品牌的舒适感和安全感，或者使用设计精良且美观的产品带来的兴奋感和喜悦感。

1.情感价值

情感价值与消费者的情绪状态和消费动机密切相关。消费者可能会从产品中寻求情感价值，以满足自我表达、社会认可或情感健康的需求。例如，消费者购买豪华车不仅是为了其功能优势，也是为了向他人表达他们的成功和地位。

情感在消费行为中起着重要作用，极大地影响消费者的决策和行为，影响着从最初的产品评估到购买后的满意度。情感可以通过以下几种方式影响消费行为：

（1）情感影响注意力和感知

情感会影响消费者注意到的内容以及他们如何解释有关产品的信息。例如，积极的情感可能产生对产品更有利的评价，而消极的情感可能导致更关键的评估。

（2）情感影响决策

情感会影响决策过程，消费者更有可能选择能引发积极情感的产品。例如，消费者可能会选择一种让他们感到快乐或兴奋的产品，即使这不是最实际的选择。

（3）情感会影响记忆力和满意度

情感会影响消费者是否记住他们对产品的体验，影响他们对产品的整体满意度。积极的情感可能会使消费者产生对体验的更积极的记忆，并提高对产品的满意度；而负面情感可能会导致更消极的记忆和满意度下降。

了解产品的情感价值可以帮助企业创造与目标受众产生共鸣的产品。企业可以通过以下几种方式在产品设计中利用情感。

（1）识别目标受众的情感需求

了解目标受众的情感需求可以帮助企业创造满足这些需求的产品。例如，针对有环保意识的消费者，企业可以创造能唤起环保责任感和自豪感的产品。

（2）通过品牌创造情感共鸣

品牌可以成为创造与消费者情感共鸣的强大工具。与目标受众的情感价值相一致的强大品牌身份可以帮助创造消费者的信任感和忠诚度，逐步培养起消费者的依恋心理，最终实现品牌的规模增长和长期盈利。

（3）使用设计元素来创造情感影响

颜色、形状和纹理等设计元素可用于创造情感影响并吸引目标受众。例如，针对年轻、时尚消费者的公司可能会使用大胆、明亮的色彩和现代的设计元素。

（4）用产品讲述故事

讲述关于产品的故事可以与消费者建立情感联系。例如，销售可持续服装的公司可能会讲述材料和生产过程的故事，为有环保意识的消费者创造联系感和自豪感。

2.CMF情感价值

CMF（color-material-finishing，CMF）情感价值是指消费者对产品颜色、材料和饰面等方面的情感反应。感性工学是工学和感性相结合的技术，其可以将用户的个人体验和主观感受转化为可参考的数据，以此量化人的情感需求，这样便可以较为准确地提炼用户的具体需求与偏好。它是决定产品在市场上成功与否的关键因素，因为它可以极大地影响消费行为和购买决策。

颜色、材料和饰面不仅仅是产品的功能元素，它们在与消费者建立情感联系方面也起着重要作用。例如，颜色的使用可以引起某些情绪和感觉，如兴奋、冷静或信任。材料和饰面可以传达不同的价值观和情感联系，如豪华、耐用或生态友好。

CMF情感价值在产品设计中很重要，因为它可以帮助企业创造在情感层面上与消费者产生共鸣的产品。通过了解目标受众的情感需求和消费动机，企业可以使用CMF元素来创造产品，这些产品可以引起积极的情感反应，并与消费者建立强烈的情感联系。以下是一些CMF情感价值表现的案例。

（1）智能家居的CMF应用

使用CMF元素来创造与家庭环境无缝融合的产品，为消费者创造舒适感和熟悉感。这些产品采用柔和的曲线、温暖的色彩和纹理材料来设计，以创造舒适和放松的感觉。这些产品的设计还考虑到了消费者的情感需求，例如对控制感或安全感的渴望，并增加了满足这些需求的功能。

（2）汽车行业的CMF应用

汽车制造商使用CMF元素为它们的产品创造特定的情感价值。如今很多电动汽车使用碳纤维增强塑料（CFRP），以营造高科技创新和可持续性的感觉。使用这种材料还可以减轻车辆的重量、提高驾驶性能，创造敏捷和运动感。

（3）科技行业的CMF应用

苹果使用CMF元素与目标受众建立了牢固的情感联系。苹果的产品采用光滑的材料和饰面来设计，如铝和玻璃，以创造精致和奢华的感觉。该公司还使用简约的颜色，主要是黑色和白色，以创造简单和优雅的感觉。

CMF情感价值是产品设计的关键因素，因为它可以极大地影响消费行为和购买决策。通过了解目标受众的情感需求和消费动机，企业可以使用CMF元素来创造产品，这些产品可以引起积极的情感响应，并与消费者建立强烈的情感联系。使用CMF情感价值可以帮助企业创造从激烈竞争的市场中脱颖而出的产品，并提升消费者对品牌的忠诚度。

3.形态情感价值

这个因素在决定产品在市场中的成功方面发挥着重要作用，并且可以极大地影响消费行为和购买决策。形态价值是指产品的物理形式和功能，包括产品的形状、尺寸，以及整体设计和功能。设计精良并提供高水平功能的产品通常对消费者更具吸引力，并且可以在市场中获得更高的售价。

形态价值和情感价值是产品设计中交织在一起的复杂因素。巧妙设计的产品可以引起消费者的积极情感，从而创造出情感价值；与消费者建立强烈情感联系的产品可以通过创造信任感和可靠性来增强其形态价值。将形态价值和情感价值应用于产品设计，对于创造既具有功能性又能与消费者产生情感共鸣的产品至关重要。采用先进的设计技术和品牌战略可以创造品牌声望和排他性，同时提高产品的性能。

通过了解这两个因素之间的关系，企业可以创造出在激烈竞争的市场中脱颖而出的产品，并通过品牌忠诚度推动消费行为和购买决策。

4. 物理交互情感价值

物理交互和情感价值是设计中的两个关键元素，这两个元素的结合，对于创造不仅具有功能性，而且与消费者产生情感共鸣的产品至关重要。

物理交互是指用户与产品交互的方式，包括产品的形状、尺寸、重量和质地等因素，以及产品如何响应用户输入。设计良好的产品应该操作直观，握持或佩戴舒适，并能响应用户输入。以下是一些物理交互情感价值表现的案例。

（1）高端手表的物理交互情感价值

考虑高端豪华手表的设计，人与手表的物理交互，在重量、尺寸和手腕舒适度方面很重要。手表的情感价值在感知质量、品牌形象和美学方面很重要。物理交互和情感价值的结合可以使手表不仅提供准确的计时功能，还提供驱动消费行为和购买决策的权威性和排他性。

（2）智能手机的物理交互情感价值

人与手机的物理交互在尺寸、重量和可用性方面很重要。手机的情感价值在美学、品牌形象和感知质量方面很重要。物理交互和情感价值的结合可以使手机不仅提供高级特性和功能，还能唤起用户的积极情绪，如满意度、自豪感和兴奋度。

（3）VR领域的物理交互情感价值

在虚拟和增强现实领域，物理交互情感价值对于创造身临其境和引人入胜的体验也至关重要。耳机和控制器的物理交互设计，对于为用户创建舒适直观的界面非常重要。体验的情感价值，以其冒险、兴奋和敬畏的感觉，为用户提供了沉浸感和参与感，引发重复使用和品牌忠诚度。

物理交互和情感价值对于创造提供引人入胜和令人难忘的用户体验的产品至关重要。通过创造操作直观、握持舒适、响应用户输入，以及在美学、品牌身份和感知质量方面提供高情感价值的产品，企业可以在激烈竞争的市场中脱颖而出，并提升消费者的品牌忠诚度。

5.非物理交互情感价值

非物理交互情感价值是指个人可以与非物理实体（如数字产品、服务和体验）发展的情感联系。这是人们与非物质事物互动的情感价值，是技术设计和开发的关键概念，涉及创建数字产品、服务和体验，以唤起与用户的强烈情感联系，从而提高用户的参与度、忠诚度和满意度。

在当今的数字时代，人们越来越多地与非物理实体接触，如网站、移动应用程序和社交媒体平台，人们经常与这些产品和服务建立强烈的情感联系。情感联系可以以各种方式表现出来，如信任、忠诚、满足和幸福，它们可以显著影响人们的决策过程。以下是一些非物理交互情感价值表现的案例。

（1）社交媒体平台

社交媒体平台是非物理交互情感价值应用于技术的最佳例子。社交媒体平台旨在在用户之间建立情感联系，让他们参与并驻留平台。微博、抖音和小红书等社交媒体平台使用算法向用户推荐显示与他们的兴趣和偏好最相关的内容，从而提高用户参与度和情感投资。

（2）健身应用程序

健身应用程序是在技术中应用非物理交互情感价值的另一个例子。健身应用程序使用游戏化技术，如挑战和奖励，以鼓励用户定期锻炼并实现他们的健身目标。通过创造成就感和进步感，健身应用程序可以唤起用户的积极情感，并提高用户满意度和忠诚度。

（3）电子游戏

几十年来，电子游戏一直在使用非物理交互情感价值。电子游戏旨在创造身临其境的体验，唤起用户的情感，如兴奋、快乐和同理心。通过为玩家提供目标感、成就感和归属感，电子游戏与用户建立了情感联系，从而提高了用户参与度和忠诚度。

（4）虚拟助理

虚拟助理，如Siri和小爱同学，旨在通过个性化对话互动与用户建立情感联系。这些助手使用自然语言处理和机器学习技术来理解用户偏好并提供有用的响应，从而提高用户满意度和忠诚度。

（5）电子商务平台

阿里巴巴和亚马逊等电子商务平台使用非物理交互情感价值与用户建立情感联系并提高客户忠诚度。这些平台使用个性化推荐、用户评论和响应式客户服务来创造用户的信任感和可靠性，从而提高用户满意度，进而推动其重复购买。

（6）教育技术

教育技术，如在线课程和学习管理系统，使用非物理交互情感价值来创造引人入胜和有效的学习体验。这些技术使用游戏化、个性化的形式与用户建立情感联系，从而提高用户参与度和知识保留率。

非物理交互情感价值也可以影响人们对周围世界的看法。例如，人们可能会与社交媒体平台以及他们在这些平台上消费的内容建立情感联系，这可能会影响他们对周围世界的认知。体验可提供目标感、归属感和成就感的数字产品和服务的人更有可能得到积极的情绪并减轻压力。

6.利用情绪价值的案例分析

（1）苹果公司

苹果公司是一家具有创造高情感价值产品的能力的公司。苹果的产品不仅仅是功能性设备，还有状态符号和时尚配件。苹果的品牌形象以创新、简单和创造力为中心，这与精通技术、有设计意识的消费者产生了共鸣。苹果的产品设计具有视觉吸引力，具有干净的线条、时尚感和高品质的材料。该公司的营销活动通常侧重于其产品的情感益处，例如使用iPhone带来的自由感和赋权感，使用MacBook带来的创造力和灵感。苹果创造高情感价值产品的能力帮助其保持了忠诚的客户群，即使价位高也能推动销售。

（2）可口可乐公司

可口可乐是一家通过与目标受众建立牢固的情感联系，在其产品中成功利用情感价值的公司。可口可乐的品牌形象以幸福、快乐和团结为中心，这与寻求令人耳目一新、令人振奋的体验的消费者产生了共鸣。可口可乐的产品唤起幸福感和团结感表现为其标志性的红色和白色配色方案、经典徽标和标志性的瓶子形状。该公司的营销活动通常关注其产品的情感益处，例如喝可口可乐带来的清爽感和幸福感，或与朋友分享带来的团结感。可口可乐创造高情感价值产品的能力帮助该公司在软饮料市场保持主导地位，并通过提升消费者的品牌忠诚度推动销售。

产品的情感价值是推动消费行为的关键因素，如果产品的设计中融入了情感价值因素，会使得产品具有独特性，也更加具有吸引力，进而能够提高产品的竞争力，可以极大地影响消费者的购买决策和品牌忠诚度。了解目标受众的情感需求和消费动机可以帮助企业创造在情感层面上与消费者产生共鸣的产品。通过品牌、设计元素、讲故事和情感共鸣来实现情感价值，可以帮助企业创造从激烈竞争的市场中脱颖而出的产品。

第三节　消费者与产品相互寻找

一、游离消费者与固定的产品

为了有效缩短售卖方与消费者的距离，对消费者可能作出的消费决策产生影响，通常会将消费者划分成五个明晰的层级，即初级、游离、自由、竞品和顽固。我们着力阐述游离消费者这一概念。

1.游离消费者的定义

部分消费者有购买需求，但是又不急于入手，或者是有其他可供选择的替代型产品，所以对售卖方产品的渴望并不强烈。针对此类消费者，售卖方有必要向其充分说明产品的性能及优势，使其认为售卖方的产品会是一个更好的选择，从而激发购买欲望。这类消费者被称为游离消费者，其购买决策的产生必须有充分的理由作为支撑。

2.游离消费者的产生

游离消费者作为企业争取的主要消费对象，其消费行为主要依赖于产品传播的长期影响。就拿生活中极为平常的洗衣产品来说，主要历经了三代，即肥皂、洗衣粉和洗衣液。

工业革命之后，制造业由起初的手工作坊最终转化成为工业生产，快速发展的生产力使得原本只是富人专属的肥皂进入普通家庭。后来，德国人发明了洗衣粉，但是彼时洗衣粉的清洁效果并不理想。三聚磷酸钠的出现，显著提升了洗衣粉的去污能力，历经多年的发展，洗衣粉在1985年销售额超过肥皂，成为当时洗衣产品的龙头。

然而还没等到洗衣粉在洗衣产品的历史簿里篆刻下浓墨重彩的销量佳话，新一代织物洗涤产品却已按捺不住地涌向消费市场。20世纪80年代，洗衣液挂着去污能力极强的头衔，并且对外宣传同时具备柔软衣物、抗菌芳香等效果，逐渐攻下洗衣产品的高地，以年均27.2%的速度持续增长。

每一次有新产品问世，上一阶段的市场宠儿便会没落，洗衣粉抢占肥皂的市场份额，洗衣液在市场占有率的赛道上大肆"驱逐"洗衣粉。但是，新产品"凌驾"于旧产品之上的时候，旧产品并非直接递交了退场申请，而是受到部分重度用户的保护，"苟延残喘"于市场，以自身微薄之力"负隅顽抗"，同新产品"分庭抗礼"。

新产品的目标受众，曾是旧产品的消费者，那么如何将新产品的性能及优势传达给消费者，确保其顺利接收呢？这就牵涉到广告。伴随广告的投放，消费者拓宽了现有认知（当然可能存在虚假宣传，此处不过多探讨），购买欲望为新产品所激发，继而摒弃旧的产品选择新的产品。这些消费者便可以统称为游离消费者。

3.争取游离消费者的方法

获得消费者的青睐并非易事，大多数消费者愿意花费时间在同类型产品中货比三家。这就意味着企业要把握消费者自对比伊始到实际购买的这一段时间，尽可能争取到游离消费者。针对如何争取游离消费者，我们总结了以下两点。

（1）细致分类锁定目标

作为产品推广方，必须学会揣摩消费者的个人喜好与消费心理，有针对性地吸引不同受众。比如，美国化妆品品牌雅诗兰黛（ESTĒE LAUDER）就针对女性不同的皮肤性质，推出两种产品，即适合油性肤质的DW系列和适合干性肤质的沁水系列，但它们都从属于底妆，这就是细致分类。

（2）建立受众与产品的黏性

企业对于产品的投放，必须进行数据追踪，通过向消费者传递产品信息，展示品牌调性，提高受众的认知度，以达到建立黏性的目的，协助销量增长。

二、工业4.0时代下的产品与消费者

在工业4.0时代，消费者与产品正在以前所未有的方式接触着，这得益于信息渠道、支付技术、物流运输、生产技术的跨越式改变。一切的改变塑造了当代的产品与消费者的关系，设计—生产—销售的周期越来越短，周期循环的频率越来越高，使得迭代的速度越来越快。制造商不停寻找着用户，消费者不断寻找新产品。

工业4.0时代给当代产品和消费者之间的关系带来了重大变化。这种新的工业模式强调使用先进技术，如人工智能、物联网和大数据，以创造更个性化、连接和响应消费者需求和偏好的产品。在本节中，我们将研究这种关系，并用一些案例进行分析。

1.互联网消费者

这类消费者的特点是他们依赖数字技术，并渴望个性化的按需体验。当代产品旨在满足这种互联网消费者的需求，企业使用数据分析和其他技术来收集有关互联网消费者的偏好和消费行为的信息，并相应地定制产品和服务。

2.大规模定制

在先进技术的帮助下，企业可以生产定制的产品，以满足个人消费者的独特需求和偏好。这与传统的大规模生产模式有很大不同，后者为大众市场生产标准化产品。这种新方法允许企业创造更个性化、与消费者更相关的产品，从而提高用户的满意度和忠诚度。

大规模定制的一个很好的例子是耐克的"Nike By You"平台，该平台允许用户设计自己的运动鞋。用户可以从一系列材料、颜色和图案中进行选择，以定制一双符合自己品味的独特的运动鞋。

3.共享经济的兴起

共享经济允许个人通过数字平台共享资源，如汽车、房屋和自行车等。这种方法对有些消费者特别有吸引力，他们重视获得而不是所有权，对经验比对物质财产更感兴趣。

共享经济的一个很好的例子是共享单车，目前具有代表性的为哈啰出行，这是一个在一定范围内租借自行车和电动车的平台。哈啰出行致力于应用数字技术的红利，为人们提供更便捷的出行以及更好的普惠生活服务。通过持续迭代用户的体验，采用智慧运营，从而提高用户的满意度和忠诚度。

4.订阅服务

基于订阅的服务允许消费者定期支付访问产品或服务的费用，而不是支付一次性费用。这种方法对互联网消费者特别有吸引力，他们重视便利性和灵活性。

基于订阅的服务的一个很好的例子是美元剃须刀俱乐部（Dollar Shave Club），该公司每月向客户提供剃须刀和美容产品。美元剃须刀俱乐部通过为用户提供更实惠、更方便的购买剃须刀的方式，颠覆了传统的剃须刀行业。通过使用数据分析和其他技术，美元剃须刀俱乐部可以定制产品，以满足用户的独特需求和偏好，从而提高用户的满意度和忠诚度。

工业4.0时代给当代产品和消费者之间的关系带来了重大变化。重视个性化的按需体验的互联网消费者已越来越多，企业正在使用先进技术来满足他们独特的需求和偏好。大规模定制、共享经济和基于订阅的服务的兴起都是当代产品和消费者之间这种新关系的例子。随着技术的不断发展，企业必须优先考虑互联网消费者的需求和偏好，以创造相关的、有意义的和有影响力的产品。

三、消费者使用产品

消费者出于各种原因使用产品，从功能到情感。了解消费者为什么使用产品对于企业创造相关的、有意义的和有影响力的产品至关重要。在本节中，我们将探索消费者使用产品的现象，并研究影响他们消费行为的一些因素。

消费者使用产品的主要原因之一是产品满足功能需求。功能需求与产品执行特定任务或具备的功能有关。例如，消费者购买智能手机是因为他们需要一台设备来打电话、发送消息和访问互联网；消费者购买汽车是因为他们需要一种交通工具从一个地方到另一个地方。在做出购买决定时，功能需求通常是消费者考虑的最关键因素。只有把消费者对产品的功能需求意向的影响因素及其作用机理搞清楚、弄明白，才能够准确把握消费者对产品的功能需求。能够创造可靠、高效且易于使用的产品的公司更有可能在市场上取得成功。然而，在做出购买决定时，功能需求并不是消费者的唯一考虑因素，情感需求在塑造消费行为方面也起着重要作用。

情感需求的满足与产品满足心理或情感的能力有关。消费者购买的产品要让他们感觉良好或帮助他们表达身份。例如，消费者可能购买豪华手袋，因为他们想做到迷人和精致；他们可能因为想要运动和精力充沛而购买运动服。情感需求通常与社会身份有关，这是个人定义自己与他人的关系的方式。产品可以作为社会认同的象征，向他人表明我们是谁以及我们重视什么。例如，驾驶豪华车的人可能会向他人发出信号，表明他们是成功和富有的，而穿着环保服装的人可能会发出信号，表明他们关心环境。情感需求是消费行为的强大动力。消费者愿意为满足其情感需求的产品支付溢价，即使有更便宜的替代品可以满足其功能需求。能够利用消费者情感需求的企业更有可能建立强大的品牌忠诚度和用户参与度。

1.文化因素

文化因素在塑造消费行为方面发挥着重要作用。文化可以定义一群人的共同价值观、信仰、习俗和实践；文化可以影响消费者对产品的态度，以及他们的期望和消费行为。例如，在某些文化群体中，谦虚受到高度重视，而被认为露富或炫耀的产品可能会被嫌弃。在另一些文化群体中，地位受到高度重视，标志着财富和成功的产品可能是受欢迎的。想要在全球市场中取得成功的企业，需要了解影响消费者行为的文化因素，并相应地定制产品。

2. 社会因素

消费者使用产品时，社会因素是另一个重要的考虑因素。社会因素是指其他人对个人行为的影响。消费者在做出购买决定时经常受到家人、朋友和社交网络的影响。例如，如果消费者看到朋友使用或由值得信赖的家庭成员推荐，他们更有可能购买。随着越来越多的消费者从有影响力的人和网络寻求产品推荐和评论，社交媒体已成为越来越重要的社会影响力来源。想要在市场中取得成功的公司需要意识到影响消费者行为的社会因素，并制定利用这些影响的营销策略。

3. 个体差异

个体差异是指影响一个人行为的个人特征，例如他们的年龄、性别、收入和个性。例如，年轻消费者更有可能购买时尚的产品，而老年消费者可能更关心质量和耐用性。收入较高的消费者可能更愿意为奢侈品支付溢价，而收入较低的消费者可能会优先考虑可负担性。个性也是影响消费者行为的重要个人因素。具有不同个性特征的个人在使用产品时可能有不同的偏好和行为。例如，外向的人更有可能购买帮助他们与他人社交和互动的产品，而内向的人可能更喜欢提供隐私和独处的产品。想要在市场中取得成功的公司，需要了解影响消费行为的个人因素，并开发吸引不同人群的产品和营销策略。

功能需求、情感需求、文化因素、社会因素和个体差异等都在塑造消费行为方面发挥着作用。为了说明这种现象，让我们来看看苹果公司的案例。苹果的产品，如iPhone和MacBook，通过为通信、娱乐和工作提供可靠和高效的功能来满足功能需求。然而，苹果的产品也通过提供优质和有抱负的品牌体验来满足情感需求，满足消费者对地位、创造力和创新的渴望。苹果通过其标志性的"与众不同"及其对设计和美学的关注，利用了消费者的情感需求，创造了一个强大的品牌形象，与全球消费者产生共鸣。

了解消费者使用产品的现象需要了解功能需求、情感需求、文化因素、社会因素和个体差异之间的复杂相互作用。能够利用这些因素并创造与消费者产生共鸣的产品的公司更有可能在市场中取得成功。

四、产品依附消费者

产品依附消费者指的是产品塑造和影响消费者的行为、信仰和态度。消费者不是产品的被动接受者，而是可以成为消费过程的积极参与者，允许产品定义他们的身份、愿望和价值观。我们将探索产品依附消费者的现象，包括其基本机制，其对消费者和社会的影响，以及其在各个行业的例子。

1.产品消费机制

产品依附消费者的现象往往根植于消费过程背后的心理和社会机制。其中一个机制是自我概念，它指的是消费者如何看待自己和自己的身份。产品可以作为消费者表达和增强自我概念的工具，他们可以选择符合其个性特征、社会地位或文化价值观的产品。例如，重视环保的消费者可能会选择使用环保产品来展示他们对可持续性和社会责任的关注。

（1）象征意义

它指的是消费者对产品附加的象征和文化关联。产品可以成为某些生活方式、价值观和身份的象征，这会影响消费者的自我概念和社会地位。例如，拥有一辆豪华车可能意味着高社会地位和财富，而穿着特定品牌的服装可能意味着是特定亚文化群体。

（2）社会影响

社会影响是指社会规范和期望塑造消费者的偏好和选择。消费者可能会受到同龄人、家庭成员或名人的意见和行为的影响，导致他们选择被视为流行、时尚或社会可接受的产品。例如，社交媒体影响者的流行导致了影响者营销的兴起，企业与社交媒体影响者合作，向他们的追随者推广产品。

2.产品消费案例

产品依附消费者的现象是一个复杂而多方面的概念，反映了产品塑造和影响消费者行为、信仰和态度的方式。它由心理和社会机制驱动，如自我概念、象征意义和社会影响，并对个人和社会产生影响，如成瘾、环境影响和社会正义。虽然产品消费可以为消费者带来好处，但重要的是要考虑潜在的后果，并努力实现可持续、公平和负责任的消费文化。

（1）时尚行业

服装和配饰可以作为个人风格、社会地位和文化认同的象征。古驰、路易威登和香奈儿等品牌因其创造满足消费者对奢侈品和地位的渴望的产品的能力而建立了声誉。

（2）技术行业

智能手机、笔记本电脑和社交媒体平台等产品已成为消费者生活、学习和工作不可缺少的一部分。这些产品可以作为沟通、工作和娱乐的工具，但它们也可能产生令人上瘾的影响。例如，微博、小红书和抖音等社交媒体平台已被证明会增加社交比较、焦虑和抑郁的感觉，特别是在年轻用户中。

（3）食品行业

食品可以作为文化认同、社会地位和个人品位的象征。消费者可以根据他们的文化背景、饮食偏好或道德信念选择食用某些类型的食品。例如，植物性饮食和素食主义的兴起带来了素食市场的出现，以满足消费者对不同食品的选择。

3.当代产品与消费者

当代产品和消费者之间的关系是复杂而动态的，是由一系列社会、文化、经济和技术因素塑造的。我们将详细探索这种关系，看看产品和消费者在当代是如何相互作用和影响的。

要了解当代产品和消费者之间的关系，首先要考虑它出现的历史背景。消费文化的发展可以追溯到工业革命，工业革命带来了从以农业为主的经济向基于大规模生产、城市化和消费主义的经济的转变。随着大规模生产的兴起，消费者可以获得更广泛的商品，购买这些商品，可以显示他们的地位、品位和身份。

在20世纪，广播、电影和电视等大众媒体的普及进一步放大了消费文化的力量，使营销人员能够接触到大众，并塑造他们的欲望和偏好。这个时代的特点是广告和品牌的兴起，其目的是在消费者和产品之间建立情感联系，并将产品定位为个人和社会身份的象征。

（1）当代产品

在当代，由于技术进步、全球化和市场细分，产品比以往任何时候都更加多样化、可访问化和个性化。消费者可以从广泛的产品中进行选择，从服装和电子产品到食品和旅行。此外，产品的设计越来越多，以满足特定的消费者需求和偏好，如可持续、健康、便利和个性。

当代产品最显著的趋势之一是数字和智能产品的兴起，这些产品结合了人工智能、物联网以及虚拟和增强现实等先进技术。这些产品改变了消费者与产品互动的方式，实现了新的沟通、定制和参与形式。例如智能家居设备，如Amazon Alexa和Google Home，允许消费者通过语音命令控制他们的家庭环境；而可穿戴设备，如Fitbit和Apple Watch，可以采集用户的健康和健身数据。

当代产品的另一个趋势是强调经验和情感，而不仅仅是功能和效用。许多产品旨在唤起积极的情绪和感官体验，如快乐、兴奋和放松，这可以提高消费者的幸福感和满意度。例如，香奈儿和路易威登等品牌创造了吸引消费者感官和情感的沉浸式购物体验，而迪士尼和环球影城等主题公园则提供沉浸式娱乐体验，将消费者带到不同的世界和故事中。

（2）消费者

当代产品和消费者之间的关系不是单行道。消费者还通过他们的偏好、态度和行为在塑造和影响他们消费的产品方面发挥着积极作用。消费者的偏好受到一系列因素的影响，如个人品位、社会规范和价值观，这些因素影响着他们对产品的选择和消费模式。

消费者对产品的态度可能会受到一系列心理和社会因素的影响，如感知质量、品牌形象和社会影响。例如，消费者更有可能选择知名品牌的产品，因为这些产品被认为具有更高的质量和市场地位，他们也可能会受到同行和社交媒体影响者的影响，从而支持某些产品和生活方式。

消费者对产品的消费行为可能会受到一系列因素的影响，例如产品的可用性、可负担性和可访问性。消费者可以选择在线上购买产品，因为这通常比在线下购买产品更方便、更划算。消费者更有可能购买具有环境可持续性的产品，因为这符合他们的伦理和道德观念。

五、模糊的消费者与明确的产品

模糊的消费者与明确的产品的概念是营销和消费行为中的一种现象，其中产品被明确定义和区分，而消费者相对不明确和模棱两可。这个概念反映了这样的想法，即产品通常是根据明确和具体的特征（如功能、特征、价格和品牌）来设计和营销的，而消费者通常被视为异质的和不可预测的。

1.模糊的消费者与明确的产品的定义

（1）模糊的消费者的定义

模糊的消费者是指消费者由于其多样性、复杂性和可变性而通常难以定义和理解。与可以根据物理或功能特征明确定义的产品不同，消费者是由一系列因素塑造的，例如个人偏好、需求、价值观和社会背景等，这些因素可能难以衡量和预测。因此，营销人员经常使用广泛的类别，如年龄、性别、收入和教育背景，对消费者进行细分，并向他们提供相关产品和信息。

这种方法可能作用是有限的，因为它无法捕捉消费者的个性和多样性，并可能导致过度简化和陈规定型观念。此外，消费者的消费行为和态度可能高度多变和依赖上下文，因此很难预测和理解他们的动机和偏好。

（2）明确的产品的定义

明确的产品指产品通常根据清晰和具体的特征（如功能、价格和品牌）进行设计和营销。产品通常因其独特的销售主张而相互区分，这突出了产品相对于竞争对手的关键优势。例如，笔记本电脑可以根据其处理速度、存储容量、设计和价格进行营销，而洗发水可以根据其气味、成分和有效性进行营销。

此外，根据广泛的市场研究和分析，产品通常旨在满足特定目标细分市场的需求和偏好，这导致产品根据特定消费群体的需求和偏好而定制。例如，时尚品牌可能会设计针对城市年轻专业人士的服装系列，既时尚又实用；而健身品牌可能会开发一系列针对健身爱好者的营养品和设备，其产品具有更高质量。

2.对营销和消费者行为的影响

模糊的消费者和明确的产品的概念对营销和消费行为有重要影响，因为它突出了在快速变化和多样化的市场中理解和定位消费者的挑战和机遇。

（1）市场细分

营销人员需要采用更细致和更复杂的方法来细分和定位消费者，纳入更多的心理和行为变量，并接受更多样化和更具包容性的观点。认识和了解不同消费群体的独特需求、价值观和愿望，有助于在消费者和产品之间建立更有意义和更相关的联系。

（2）制定策略

营销人员需要制定更敏捷和反应更灵敏的策略，以适应消费行为的动态和不可预测性。这可能涉及利用新技术和数据源，如人工智能、机器学习和社交媒体分析，以获得对消费者偏好和行为的实时了解，并开发更个性化和更有针对性的营销活动。

有意义和引人入胜的产品通过结合情感和体验元素，可以提高消费者的满意度和忠诚度。这可以涉及创造旨在唤起积极情绪和感官体验的产品，如快乐、兴奋和放松，或提供沉浸式和互动体验，将消费者与品牌和产品联系起来。这可能涉及通过开发产品和营销以促进透明度、公平和社会责任的战略，为消费者提供有关产品的准确和完整的信息，避免欺骗和操纵性做法，并符合消费者期望和愿望的社会和环境价值观。

通过认识消费者的多样性和复杂性，并通过设计和营销既实用又具有情感吸引力的产品，营销人员可以在消费者和产品之间建立更有意义的、更相关的联系，并促进消费者的忠诚度和对品牌的宣传。

3. 模糊的消费者的七大分类

这七大类模糊的消费者是不同类别的消费者，他们在偏好、行为和价值观上表现出不同程度的模糊性和复杂性，具体包含以下类别。

（1）多方面的消费者

这些消费者具有多样化和不断变化的身份、兴趣和需求，他们抵制被刻板印象所定义。他们寻求反映他们独特和动态的个性的产品和体验，以使他们能够表达自己的个性和创造力。

（2）数字化授权的消费者

这些消费者非常熟练和积极地使用数字技术来搜索、比较、购买和共享产品及信息。他们要求跨渠道和个性化的体验，希望品牌以相关和真实的方式与他们互动。

（3）有社会意识的消费者

这些消费者意识到并关注社会和环境问题，他们寻求符合其价值观并有助于社会和环境积极变化的产品和品牌。他们期望公司有透明度、问责制和道德实践，愿意为优先反映社会和环境事项的产品支付溢价。

（4）经验驱动的消费者

这些消费者重视体验而不是物质财富，他们寻求新颖的、身临其境的和有难忘体验的产品和服务。他们愿意为给予他们情感和感官刺激的产品付费。

（5）移动消费者

这些消费者依赖移动设备作为通信、获取信息和娱乐的主要手段。他们希望产品和服务针对移动使用进行优化，需要快速、方便和安全的移动支付选项。

（6）持怀疑态度的消费者

这些消费者不信任广告、营销和企业信息，并依靠同行推荐、评论和社会证明来指导自己的购买决策。他们从企业那里寻求真实性、诚实和透明度，更有可能与倾听和回应他们反馈的品牌接触。

（7）全球消费者

这些是接触过不同文化、语言和生活方式的消费者，他们具有世界性的观点和态度。他们寻求满足其国际化身份和愿望的产品和服务，以使他们能够驾驭和参与全球市场。他们对文化的细微差异很敏感，希望在品牌营销和沟通中得到尊重并获得文化多样性的体验。

第四节　人文社会中消费者的嬗变史

我们把人文社会中消费者蜕变的历史分为两个要点：消费者转向与产品建立更多的个性化和情感的联系；使用技术促进消费者与产品更多的个性化和情感的联系。随着人类社会和文化的变化，消费的观念在不断演变和转变。从易物交易到电子商务，我们消费产品和服务的方式受到各种因素的影响，包括经济、社会、技术和环境等（图2-3）。

一、社会发展进程对消费者观念的影响

社会发展对消费者观念的影响是深刻和多方面的，反映在经济、社会、文化、技术和环境等因素上。随着社会的不断发展和变化，消费者观念将继续适应和转变，要以新的和创新的方式满足消费者的需求和愿望。消费者现在着眼于产品的功能和性能，他们要求与产品建立更多的个性化和情感的联系。未能满足这些期望的企业可能会失去竞争优势。接下来深入探讨一下各因素对消费者观念的影响。

1.人文社会对消费者观念影响的因素

19世纪工业化和大规模生产的到来，使消费品变得更加丰富，商品和服务的可用性在消费者中创造了新的欲望和愿望，广告和营销成为刺激需求和影响消费行为的强大工具。

（1）消费主义的兴起

随着社会变得更加富裕和物质更加充足，消费主义的概念不断演变，以反映新的消费态度和价值观。20世纪中叶，消费主义与对"美好生活"的追求以及对物质财富、社会地位和社会认可的渴望联系在一起。这导致了一种以明显的消费、品牌忠诚度以及休闲和娱乐商品化为特征的消费文化的出现。

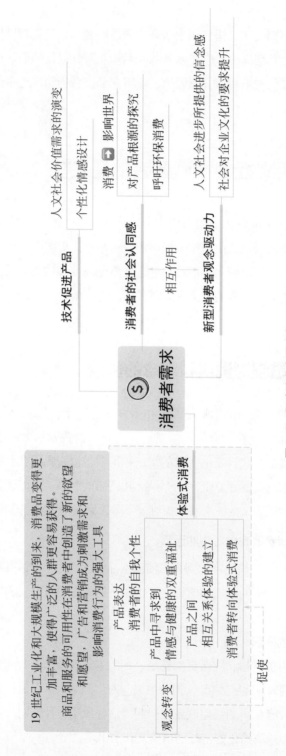

图2-3 影响消费者需求各项因素

（2）社会和文化因素

随着社会变得更加多样化和分散化，消费者的需求和愿望变得更加复杂和差异化。消费者越来越意识到自己的个性和身份，他们寻求反映自己独特偏好和生活方式的产品和服务。出现了消费者宣传运动，以保护消费者免受欺诈行为的影响，并确保产品和服务安全、可靠和高质量。政府还制定了法律和法规，以保护消费者免受不公平和不道德的商业行为的影响，并促进市场公平竞争。

（3）数字技术和互联网的兴起

消费者观念受到了数字技术和互联网的影响。电子商务和网上购物改变了消费者购买商品和服务的方式，提供了更大的便利性和可访问性。社交媒体生成的内容使消费者能够与他人分享信息、观点和经验，创造了新形式的同行影响和社会证明。

（4）环境问题

随着人们越来越意识到消费和生产对生态的影响，消费者越来越关注他们购买产品的碳足迹。绿色消费的概念已经出现，其鼓励消费者做出有环保意识的选择，并支持可持续和环保的产品和服务。

人文社会的转变本质上是一种文化转变，它强调个人价值的重要性。这是社会、经济和技术发展的结果，影响了消费者的生活方式和消费行为。因此，消费者对反映其个人身份、价值观和偏好的产品的要求越来越高。人文社会中的产品创新必须考虑个人因素，而不仅仅是功能性。创造的产品不仅要求技术先进，而且要迎合个人消费者的偏好、品位和情感。

2.人文社会影响产品创新的案例

小米是一家在中国的科技公司，主要业务是设计和生产智能产品，包括智能手机、家用电器和可穿戴设备。小米的成功在于它能够创造出符合个人消费者偏好和生活方式的产品。小米的产品以人文价值观设计基础，为用户提供个性化和情感体验。

（1）小米空气净化器

小米空气净化器是一款智能空气净化器，可以监测空气质量并相应地调整净化水平。该产品的设计时尚简约，与家庭内饰完美融合。净化器易于控制，设备顶部有一个简单的触摸屏面板。该设备也可以通过 Mi Home 应用程序进行远程控制，该应用程序允许用户从智能手机上监控室内空气质量并调整净化水平。此外，该应用程序还可以根据个人用户的偏好和习惯提供个性化建议，使用户感受更个性化的体验。

（2）小米智能水壶

小米人性化产品的另一个例子是小米智能水壶。水壶采用简约而优雅的设计，非常适合现代家庭。水壶配备了智能功能，允许用户通过Mi Home应用程序控制温度和加热时间。用户还可以保存他们的首选设置，从而更容易地制作他们喜欢的饮品。

这两种产品都展示了小米对人文价值的关注，都是符合个人消费者偏好和生活方式的产品。这些产品提供了更多的个性化和情感体验，使它们从竞争中脱颖而出（图2-4）。

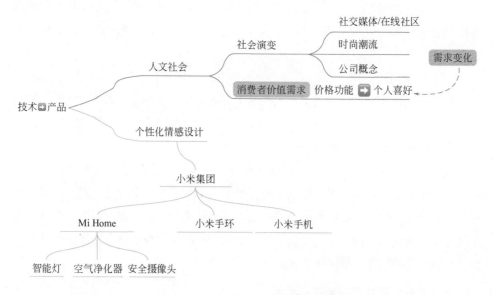

图2-4　小米技术与产品体验关系图

企业必须创造满足个人消费者偏好和生活方式的产品，提供更多的个性化和情感体验。产品不仅要求功能和性能良好，还必须与消费者建立情感联系。设计不仅仅是美学，还要创造适合消费者生活方式和偏好的产品。

二、消费者转向建立个性化和情感联系

技术可以为生产提供工具和资源，为消费者创造更多的个性化和情感的体验。消费者要求与产品建立更多的个性化和情感联系，企业必须满足这些要求才能保持竞争力。企业必须专注于产品的个性化设计、可用性、可访问性和情感联系，以便为消费者创造更全面、更个性化的体验。

1.消费者观念的推移和演变

（1）人性化

虽然大部分情况下消费者在购买产品时主要关注功能和价格，然而随着社会变得更加人性化，消费者越来越优先考虑他们与产品的情感联系以及产品融入个人生活的方式。这种价值观的转变迫使企业更专注于人性化设计和用户体验，以创造符合个人喜好和需求的产品。

（2）个性化

消费者转向与产品建立更多的个性化和情感联系的主要驱动力之一是突出个人价值的重要性。在人文社会中，个人被视为是独一无二的，人们更加强调自我表达和个人身份。消费者不再满足于通用或一刀切的产品。他们想要反映他们个人喜好、品位和生活方式的产品。

社交媒体的兴起和在线社区的日益重要进一步放大了这种向个人价值的转变。小红书和抖音等社交媒体平台已成为许多人生活的重要组成部分，为自我表达和个人展示提供了空间。因此，消费者越来越多地寻找适合其在线角色并反映其价值观和兴趣的产品。

（3）用户体验

企业通过更多地关注产品设计和用户体验来应对这一转变。设计不再只是关注美学，而是要创造适合消费者生活方式和偏好的产品。公司必须考虑产品的可用性、可访问性和情感联系，为消费者创造更全面、更个性化的体验。这使得可定制或有多种选择的产品的增加，并允许消费者根据个人喜好定制产品。

2.运用技术促进个性化和情感联系

互联网、智能终端和人工智能等技术的进步为企业提供了收集和分析消费者偏好和行为数据的新方法。这又使企业能够创造出更适合消费者需求和偏好的产品。例如，企业可以使用来自智能设备的数据为产品和服务提供个性化建议，或使用3D打印技术创建定制产品。这同时也促进了与产品建立更多的个性化和情感联系的转变。

技术对产品产生重大影响的一个领域是智能产品领域。智能产品，如智能扬声器或智能手表，旨在为消费者提供更多的个性化和情感体验。这些产品采用了传感器和其他技术，用于收集有关用户行为、偏好和环境的数据。然后，这些数据用于提供个性化建议，例如建议用户听的新歌或提供定制的锻炼计划。

3.个性化和情感联系的案例

采用技术促进消费者与产品建立更多个性化和情感联系的公司的一个例子是小米。小米一直处于产品创新的前沿，其成功在很大程度上归功于利用技术创造高度个性化的产品和根据消费者的需求和偏好量身定制产品的能力。

（1）米家生态系统

米家生态系统包括各种智能家居产品，如智能灯、空气净化器和安全摄像头。这些产品可以无缝协作，为消费者提供高度个性化和直观的体验。例如，米家应用程序允许用户从单个界面控制所有智能家居设备；该应用程序的人工智能算法使用来自用户的行为数据来为用户提供个性化的建议和警报。

（2）智能手机

小米智能手机的主要特点之一是其高度可定制的用户界面，允许用户使用自定义主题、图标和壁纸来个性化他们的设备。这有助于在用户和他们的设备之间建立强烈的情感联系，因为用户可以通过智能手机表达他们的个性和风格。

（3）可穿戴设备

小米公司的小米手环是市场中最畅销的可穿戴设备之一，这在一定程度上要归功于其高度准确的健康跟踪功能以及根据用户行为提供个性化建议的能力。例如，小米手环可以跟踪用户的睡眠情况，并提供定制的睡眠建议，如根据用户需求量身定制就寝时间或起床时间。

从产品创新的角度来看，人文社会对消费者的影响可以从向消费者与产品的更多的个性化和情感联系的转变中看到，可以使用新技术来促进这种联系。企业越来越专注于创造适合消费者个人生活方式和偏好的产品，利用技术收集和分析有关消费者行为的数据，以创造高度个性化和直观的体验。随着人文社会的持续发展，我们可能会看到更多的企业关注这个问题，并利用新技术来创造高度适应个人消费者需求和偏好的产品。

三、人文社会中消费者需求的发展趋势

1.向体验式消费的转变

人文社会中消费者需求的发展趋势可以从向体验式消费的转变以及对社会负责和可持续性消费的兴起中看到。消费者正在寻找符合其价值观和信念的产品和体

验，企业通过创造创新的和对社会负责的产品和服务来回应。随着人文社会的持续发展，我们可能会看到更多的企业关注这个问题，并专注于创造对消费者更有意义、满足其消费目的和成就感的产品和体验，同时促进可持续性消费和社会责任的发展。

近年来，消费者需求发生向体验式消费的重大转变。这一趋势是由许多因素驱动的，包括以下方面。

（1）对自我表达的渴望

消费者正在寻找能够表达自我个性和创造力的产品和体验。

（2）追求福祉

消费者正在寻找促进身体和精神健康的体验。

（3）社交联系的需求

消费者正在寻找能够与他人联系并建立有意义关系的体验。

这一趋势反映在旅行、健康静修、参加音乐节和其他文化活动等的日益普及。企业正在通过创造提供独特而难忘的体验的产品和服务来应对这一趋势。例如，酒店提供个性化体验和礼宾服务，而餐厅则创造吸引所有感官的沉浸式用餐体验。

2.消费者的社会认同感

向体验式消费的转变以及社会责任和可持续性消费的兴起这两个趋势是由对自我表达的渴望、对福祉的追求、对社会联系的需求以及对环境和社会产生积极影响的愿望所驱动的。企业需要通过创造对消费者有意义、满足消费者目的和成就感的产品和体验来应对这些趋势，并采取可持续性的和对社会负责的实践。能够成功适应这些趋势的企业将在人文社会中蓬勃发展。

随着社会责任和可持续性消费的兴起，消费者越来越关注他们的消费对环境和社会的影响，他们正在寻找符合他们价值观和信仰的产品和服务。

3.新型消费观念的趋势

（1）对透明度的追求

消费者想知道他们的产品来自哪里，它们是如何制造的，以及它们对环境和社会有什么影响。这一趋势反映在生态标签的日益普及上。在生态标签上包含有关产品对环境影响的信息。消费者也在寻找供应链和生产流程透明的产品和服务。

（2）对问责制的需求

消费者正在要求企业对其产品的对社会和环境的影响负责，并呼吁更多的企业责任。这一趋势反映在企业社会责任（CSR）倡议越来越受欢迎。消费者也在寻找可持续性的和环保的产品和服务。

一些公司正在投资可再生能源，减少碳足迹，并使用可回收材料创造产品。还有一些公司正在与社会组织合作，以支持社区发展和人权倡议。通过这样做，企业可以建立信誉。

第二篇

"技术＋人文"的研究路径与设计方法

随着时间的推移，将技术和人文学科相结合的研究路径已经从这两个领域的简单加法演变为更复杂、更细致入微的优势。在这条研究路径的早期阶段，重点主要是将技术纳入传统人文研究，以加强数据收集和分析的过程。设计师已经认识到需要采取跨学科的方法来全面、细致地理解复杂的社会挑战。新的研究方法和框架得以开发，以全面和综合地整合技术和人文学科。

人文学科的研究人员开始认识到将技术纳入其研究过程的潜在好处，可以提高数据收集和分析的准确性和可靠性。例如，使用数字工具和软件来分析大型数据集在历史、社会学和人类学等领域变得越来越普遍。将技术初步纳入传统人文研究是发展技术和人文学科相结合的研究路径的重要第一步。

然而，这条研究路径的附加阶段也凸显了技术和人文学科简单整合的局限性。主要问题之一是缺乏能以更全面、更有意义的方式整合这两个领域的明确框架。许多研究人员只是在他们的研究过程中添加了技术，而没有充分了解其对研究的问题和目标的潜在影响。这导致了分散和零碎的技术和人文学科整合，限制了技术在应对复杂社会挑战方面的有效性。

结合技术和人文学科的研究路径的倍增阶段代表了一种更综合和更全面的研究方法。此阶段，研究人员认识到需要开发新的方法和框架，以便更全面地了解复杂的社会挑战。这种方法不仅涉及将技术融入传统人文研究，还涉及将人文研究纳入技术创新。换句话说，将技术和人文学科相结合的研究路径的倍增阶段，这两个领域之间需要进行双向对话，以制定更有效和对社会负责的解决方案。以人为本的设计方法涉及对人类需求、偏好和行为的深刻理解，这受到技术和人文学科的启发。这种设计方法仅靠技术无法完全了解人类的行为和偏好，需要采用人文学科更全面地研究复杂的社会挑战。

我们对这两个领域之间关系的思考方式已经转变，与其将它们视为可以一起创造新事物的独立实体，不如将它们视为相互依存和相辅相成的实体，每个实体都以创新的方式为彼此做出贡献。这可能涉及创造基于对人类文化和历史深刻理解的新产品或技术，或使用数据分析和人工智能来发现对社会和文化现象的新见解，还可能涉及开发新的设计方法，将人文学科的原则，如同理心和以人为本，纳入新技术的开发过程。

近年来，将技术和人文学科结合的研究路径已成为产品设计的一个重要方面。成功将人文学科的原则纳入设计过程的组织能够创造出满足用户需求的产品，同时也吸引他们的情绪和欲望。通过在设计过程中结合技术和人文学科，这些组织能够创造出不仅实用，而且引人注目、鼓舞人心、美观艺术的产品。随着技术的不断发展，结合技术和人文学科的研究路径可能会成为产品设计的一个更重要的方面。

第三章

研究路径——从"加法"到"乘法"

第一节　从拼凑式设计思维到系统化设计思维

拼凑式设计思维的起源可以追溯到赫伯特·西蒙和约翰·杜威等人的工作，他们是最早将设计作为解决问题的过程的想法表达出来的人群。西蒙在制定理解设计师思维和工作方式的框架方面尤其有影响力，他称其为"设计过程"。这个过程的特点是有一系列阶段，包括问题定义、信息收集、构思、原型设计和测试。

随着时间的推移，其他人在这些早期想法的基础上再接再厉，将自己的见解和方法添加到组合中。这使得设计师可以借鉴的拼凑方法取决于他们试图解决的具体问题。一些设计师更喜欢头脑风暴和草图等方法，而另一些设计师则更依赖用户研究和原型设计。

虽然这种拼凑的方法在许多情况下是有效的，但它缺乏有凝聚力的理论基础和将设计思维应用于现实世界的问题的明确过程。这在20世纪80年代和90年代开始发生变化，因为新一代设计师开始推动更系统的设计思维。

今天，这种更系统的设计思维已成为常态，许多组织采用正式的设计思维过程作为其创新战略的一部分。像苹果、艾迪伊欧（IDEO）和国际商业机器公司（IBM）这样的公司都开发了自己的设计思维过程版本，其结合了心理学、工程学和其他学科的元素，以创建一个全面的问题解决框架。

从拼凑式设计思维向系统化设计思维的转变反映了人们越来越认识到设计作为创新战略工具的重要性。通过采用更严格和结构化的设计思维，组织可以更好地利用设计的力量来解决复杂的问题，并推动增长和创新。

一、拼凑式设计思维

1.拼凑式设计思维的概述

针对拼凑式设计思维如何产生这一问题，我们可以用大学生的目标规划作为例子来解答。大致分成三种类型：第一种是从大学伊始就对自己的大学生活乃至职业生涯作出了清晰的规划。第二种是初入大学时感到迷惘，没有明确的目标，但是随着年纪的增长和学习的深入，他们逐渐获得了自己的人生目标。第三种是直至大学生活落下帷幕都没能找寻到自己的目标，对于自身定位也不清晰，迫于生活不得不参加工作，随意干了一个与所学专业毫不相干的工作，在工作中同样无法获得自我目标与个人偏好。

绝大多数的人往往对标于第二种类型，得益于大学生活，能够不断充实自己的知识，增长个人的技能，通过形式各异的线上或线下活动，开阔自身视野，对于世界与自我具有了清晰的认知和定位，并在这一过程中明确了自我目标。诚如上述，倘若大学生不能在大学生活步入尾声时找寻到个人热衷的事业与穷极一生追求的目标，那么便会拼凑接下来的人生，随即漫无目的地度过一生。

如果人缺少清晰的规划，就好比跌进了拼凑式思维的陷阱，便会对行为的出发点产生困惑，究竟是为了纯粹的自我理想发奋，力求拥有一技之长，还是机械地完成他人布置的任务，浑浑噩噩度日，无力作为人生的操盘手。还容易丧失自己的社会竞争力，对待办事情的热情也为外界所浇灭。

2.拼凑式设计思维的弊端

（1）缺乏系统性思维

假如一个设计师没有系统性的思维能力，只是将注意力集中在某个产品的局部细节，忽略整体的结构和功能，那么设计出来的产品可能会出现各种问题，从而达不到使用者的要求和预期。

（2）缺乏市场洞察力

一个设计师如果缺乏足够的市场洞察力，只是凭借个人喜好与想象进行设计，那么很有可能设计出的产品并不符合市场和用户的需求，从而导致设计失败。所以设计师必须深入了解市场及使用者的需求，才能设计出与之相适应的产品。

（3）缺乏跨学科的整合能力

设计一款产品需要具备跨学科的整合能力，例如工程学、工业设计、市场营销、人机交互等。一个设计师如果只是专注于自己的专长，对其他领域的知识一概不知，就很难从整体上考量某一产品的设计研发及其可行性，从而落入拼凑式设计思维的窠臼。

（4）缺乏团队协作能力

产品设计是一项团队工作，它要求设计师和工程师、市场人员、用户等多方进行协作。设计人员若不具备良好的团队协作能力，就很难将所有人的利益都统筹起来，导致产品的设计与实现出现问题。

拼凑式设计思维是一种普遍的思维方式，能够解决眼前的问题，却无法解决长期的问题，不能同现下中国产业升级的大环境相契合。从客观的角度来看，我国的创新发展方式已经从过去的"慢创新"转变到如今的"快创新"。

在过去，生产技术还不够成熟的时候，产品的生命周期比较长，故而从技术创新到产品研发，再到新产品投入运营，需要采用成果集成的工作模式，这一周期通常消耗3年、5年乃至10年以上的时间成本。与过去大不相同的是，现下囊括创新与研发状态时无非一个词——"万事俱备"，就以手机行业来说，规模以上企业产品更新换代的时间往往以年为单位，其他微创新或拼凑式设计思维的企业，一款新产品的发布可能花费数年。

技术创新本身具备其内在的运行规律，素来无法一蹴而就，必须事先筹备，继而投入。综上所述，拼凑式设计思维的企业很难基于产品设计的雏形阶段为长期性产品升级提供取之不竭的动力。

3.工业设计中的拼凑式设计思维

由于工业设计存在于相对复杂的跨学科领域，所以在新品的出产过程当中，往往需要相关部门及团队协作完成，因为涉及的知识较多，需要整合众人的负责范围，沟通无可避免。

有关产品的思考，言简意赅来说，就是整合所有内容使之成为一个新的项目，目的在于更好地服务使用者。团队是指不同个体之间拥有同一目标，相互协作以达到该目标所形成的某一群体。一个团队的存在，强有力的领导者可谓是中流砥柱，如果团队领导者无法起到引导性作用，那么团队犹如一盘散沙，很难进行内容整合。内容整合的失败，意味着新品杂乱无章，仅是一个拼凑结果的呈现，没有具体的产品内涵，这就无法让使用者体会到设计者的初衷。

许多企业在产品研发的初期，常常会陷于工业设计中的拼凑式设计思维。比如，有些企业的初衷，就是做出好的产品，但是各个部门之间的专业知识并不进行交换，也没有信服力较强的领导者进行部署，这样就会令产品在某些方面表现得很好，但从整体审视却很平庸。

不同的企业有自身独特的文化，这通常是由创办者定位的，所以不同的企业具备不同的定位。但是，身为一名设计师，如果只从产品设计研发的角度审视产品，就容易跌进拼凑式设计思维的陷阱，陷入认知误区。避免这种情形的产生，最好的方法就是提升自我综合能力，学会内容整合，集各家所长，成自身本领。

4.打破拼凑式设计思维的方法

在工业设计中，我们该如何打破拼凑式设计思维呢？这里总结了六种方法。

（1）构建系统化设计思维

在设计流程中运用系统化的思维，构建出一套系统性、逻辑性与科学性合一的设计理论和方法，可以更好地引导与支撑具体的设计实践。

（2）重视多学科的交互性

工业设计人员必须具备跨学科的知识与思维能力，可以将各个领域的专业知识与实践技能相结合，将设计与工程、制造、材料科学等多个领域相结合，从而产出更具创新性、更具竞争优势的产品与解决方案。

（3）进行数据分析和用户研究

设计师需要具备数据分析和用户研究的能力，可以利用数据分析和用户研究对用户的需求、市场趋势、产品的使用情况和反馈进行细致入微的了解，进而提供更准确、更符合需求的设计方案。

（4）软硬件融合设计

在工业4.0的背景下，设计师需要将软硬件融合设计的思维融入产品设计中，这样才能更好地满足用户对产品智能化、自动化和网络化要求，从而设计出更加智能化和可持续的产品。

（5）科技与创新的碰撞

科技与创新是现代产品设计发展的主要驱动力，设计师可借助相关手段打破拼凑式设计思维的局限性。现下科技的发展已经相对成熟，如赋能软件的人工智能，已投入到设计师的创作领域，设计师可以通过颜色调整协助其自动生成数据模板，更高效地将自己的创意付诸实践，以此创造出更加喜闻乐见的产品。

二、系统化设计思维

1.系统化设计思维的概念

简单地说，系统思考就是把某个疑问、某种状况或某个难题明确地视为一个系统，也就是视为一组相互关联的实体进行思考。系统化设计思维是将产品视为一个整体系统进行考虑，包括系统的输入、处理和输出等方面。通过系统思考，可以建立系统模型的输入、输出和控制模块，以及各个模块之间的关系和作用。系统化设计思维可以帮助设计师理解产品的整体结构和功能，并将其转化为可实现的模块化设计。该方法通常涉及以下关键点。

（1）确认目的

对于一个非孤立的产品而言，它还拥有另外两个关键要素：输入和输出。例如计算机输入数字，输出运算的结果。输出往往对应着系统的功能和目的，如果我们只输入不输出，只考虑系统的元素，不考虑它真正的功能和目的，便会本末倒置。

（2）确定要素

一个完善的产品系统应当具备三大要素：元素、结构、功能。在三大要素中，元素是次要的，虽然有关键元素，但结构与功能更为主要。在产品定位清晰后，通过系统分析，系统要素和结构的协调能创造出多样化的设计方案。在多种方案之间通过系统综合和优化，寻求最佳方案，是形成新产品的有效方式。

（3）确定边界

确定系统的限制条件是系统化设计思维的边界，系统分析与系统综合是相对的，对现有产品可在系统分析后进行改良设计，对尚未存在的产品，则需要收集其他相关资料分析后进行创造性设计。从产品的生命周期出发，在不断发展变化的环境中挖掘产品与外部环境作用的意义，才能进行合理的产品定位，使产品的价值最优。

系统化设计思维也是调查可能导致潜在结果的因素和相互作用的整体方法。它是非线性思考，可以理解输入和输出的后果。通过系统化设计思维，设计师可以更好地理解产品的整体结构和功能，并进行模块化设计，将各个模块之间的关系和限制条件纳入考虑范围，从而实现系统化设计。产品设计的系统化思维方式及其系统化行为在当今日益复杂化的"人–社会–自然"的系统关系中具有重要的现实意义。

2.运用系统化思维的方式

（1）系统模型构建

系统化思维是通过从整体和关联的角度看世界，将整体观念作为其第一要义而不是将其分成各个部分来理解世界复杂性的一种方式。它已被用作在复杂环境中探索和发展有效行动，使系统发生变化。系统化思维借鉴并促进系统理论和系统科学发展。当设计师将系统化思维与设计方法相结合时，整合系统化思维与设计，就能够应对复杂的设计项目。基于产品设计中的系统化思维模式的构建，应当根据产品的整体概念模型，进行系统建模和设计，确定产品的功能、构成以及各部件之间的关系，从而构建出系统框架和结构。

（2）模块化分析

广义上的模块化设计是指在对一定范围内的不同功能或相同功能不同性能、不同规格的产品进行功能分析的基础上，划分并设计出一系列功能模块，通过模块的选择和组合构成不同产品的设计方法，其建设带有系统构建意味。模块化设计现已广泛应用于设计行业。对于产品设计而言，模块化功能分析是将产品的整体功能进行分解，得到各个功能模块之间的关系和作用。通过功能分析，可以建立系统模型的基本框架和功能模块，以及各个模块之间的联系和限制条件。功能分析可以帮助设计师理解产品的需求和功能，并将其转化为可实现的功能模块。

（3）定义功能

作为一定功能的物质载体，产品本身就具备多种要素和合理结构，要素和结构之间的相互关系构成具备相对独立功能的闭环系统，即产品内部系统；同时产品必须在特定的社会文化环境中被用户使用才能实现其功能，即产品又是一个与外部环境相关联的开环系统，即产品外部系统。因此，看待一个产品时应当首先将其内部系统与外部系统相结合，作为整体去定义它的功能。

（4）分解模块功能

模块化设计可以将产品分解为产品流程、信息结构、交互方式、表现形式等不同子功能，从而形成要素模块化。模块不是死板的、一成不变的，而是在一定的合理范围内表达一个产品要素或者产品要素的合集。一个功能可以称为一个模块，一个系统也可以称为一个模块。

通过模块化分析，设计师在设计中转化所累积的经验，并利用已有经验来降低设计风险，提高设计效率和质量。需要在模块的复用过程中，不断对模块进行验证和优化，以适应产品需求的变化趋势。对于已有的模块，在反复过程中，应审视设计的合理性，不断更新模块；对于新增的功能，视其通用性、选择性而沉淀为模块。模块化分析方法一方面可以作为设计师自己在设计中的思考脉络，以更全面的视觉审视设计，另一方面也可以在产品高速发展阶段提高设计效率，同时为多个设计师共同设计打下良好的基础。

3.运用系统化思维的案例

（1）特斯拉公司

特斯拉公司是一家专注于电动汽车和能源存储领域的公司，其产品设计以创新和科技感为特点，应用了系统化设计思维，以提高生产效率、减少浪费和提高质量。公司使用了自动化机器人和机器人生产线来加快生产速度和降低生产成本。工厂内部的自动化程度非常高，在车身制造流程中，几乎不需要人工干预，全部由机械臂完成对应工序，科技感十足。马斯克将超级工厂称为"外星人无畏舰0.5"，之所以只是0.5，是因为这还未达到他心目中完美的自动化，在他心中，工厂里应该全部由机器人完成生产，而只需要少数的人进行设备维护和检修。

例如，在设计Model S时，特斯拉公司考虑了电池、电机、电子控制、车身结构等各个方面。大多数电动汽车都是由传统汽车改造而成，而Model S则是彻底全新设计的电动汽车。Model S车体98%是铝合金，机器人将把铝合金原料传送到冲压机下面进行冲压，冲压机向下的冲力超过1400吨，这种力量把模具上的铝合金压成型，机器人把加工中的组件一站站往前移动，每个组件都经过一系列的加工。工人会检查每个组件板以确保其没有瑕疵，以及所有的开口处都已切割。这种"串联冲压线"能产生超过11000吨的压力，每天可加工5000多个组件。特斯拉公司运用系统化思维模式，将这些方面整合在一起，形成了具有极高性能、极低能耗的电动车设计方案。

此外，特斯拉公司还采用高度自动化的生产车间，从而提高了对生产和质量的监控。"建立制造机器的机器"是马斯克一直喜欢表达的一个观点，特斯拉公司一直在内部建立研究团队，专注于工厂自动化，而且为了加快进程，特斯拉公司还收购了6家与自动化相关的公司来"帮忙"。

（2）戴森

戴森作为一家拥有4000多名员工的跨国公司，拥有1200名科学家以及工程师组成的庞大的研发团队。从1993年成立至今，能有如此巨大的成就，其经验无疑是值得探究及学习的。它从技术革新起家，并将研发作为公司业务的核心，靠着执着的创新精神和强大的研发能力，其产品即使是定位于高端市场，也颇受消费者的青睐。从设计系统化思维的运用来看戴森产品的创新，学习其成功的经验以及教训，从而借鉴其发展经验，能够引发设计者对新产品的创造或对已知产品的改进。

将设计中各因素构成一个有机整体并相互关联，其中任何一个因素变化，都会影响设计整体向好或者向坏的方向变化，变好即是创新，变坏即为失败，而每一个产品的研发和制造都要经历变坏的发展，从而得以产出。产品的设计是消费者的需求，产品的功能、形式、材料、工艺、造价等各因素相互作用的产物，其中任何因素的变化都会影响产品整体品质。系统化设计思维就是在研制某个产品时，首先要从整体出发，考虑消费者与设计师、企业、市场环境、社会环境、设计理念、生活方式等的联系，还要注重产品外观的打造、产品价值的体现，以及对产品内部各方面的探索。

以戴森吹风机举例，其由戴森的第九代数字马达驱动，利用空气造型，使头发在造型过程中无需过高温度。这项技术的研发经历了六年。吹风机配备的7组造型器，便于消费者在使用时有更多的选择。这就不难看出设计师在系统化思维的同时，兼顾系统存在。造型器的诸多元素以及外部因素和内在驱动是物质构成，而设计一个造型器的整体思路及方式则是系统思想，即从思考每个元素及外部因素如何创新出发进行设计，以整体目标为中心去思考，建立设计方案。它涵盖了十项技术专利和多项发明专利。

在这个复杂的设计过程中，包括了各项管理工作，无论是设计成本的管理，或者设计品质、程序、团队、日程、评估和知识产权等方面的管理，需要一个职责明确的管理团队。这个团队要对管理、设计和工程样样精通，并非完全靠自己，而是会协调各部门之间的关系，合理利用和把控资源，从而得出最好的效果；更重要的是，要有创新的意识和跨学科的经验，这是非常重要的组成部分；要明确项目团队的任务与职责，懂得分配任务和发现问题，快速协调系统各要素之间的关系，从而创造一个良好的设计环境。戴森从一个最初只有4名工程师的小团队发展至今，靠的就是一个出色的管理团队和一套完善的系统化体系。根据系统化思维，戴森专业化地将市场细分，根据不同消费者的特点和需求来制造和设计产品，使得其产品专业化的同时，在配件与种类方面也更加丰富和完善。

应以系统化思维来看待戴森给予我们的诸多设计启发。戴森对产品研发的投入是每个企业都该重视的问题，而合理地利用和安排系统各元素、各部门之间的关系更是我们学习的榜样。在未来的设计中，需要的是"遇见未来"的商业嗅觉及系统化思维，以及可以将思维转化成物质存在的研发保证，这样才可能使产品从竞争激烈的市场中脱颖而出，靠的不是广告效应，也不是产品模仿，而是将系统化设计思维与产品有机结合。

三、设计实例：运动员模块化护具设计

1.设计课题

（1）以探索系统化设计思维为主题的运动员身体机能提升辅助产品设计

本课题通过系统化设计思维，帮助运动员提升身体机能，提高竞技表现。设计中，关注用户体验，通过与运动员的沟通和反馈，了解他们对辅助产品的期望和需求，以及在使用过程中的感受和反应。持续的测试和改进是设计过程的关键环节。设计中需要与运动员进行实际的测试和评估，收集他们的反馈意见，并根据这些反馈进行产品的改进和优化。

（2）调研任务

用户需求与场景分析研究：搜集专业运动员使用场景，如使用习惯、行为习惯等；搜集专业运动员使用产品的状态比如使用方式、频率、效率等；研究分析场景的定义、场景属性等。

用户需求与场景分析可以帮助设计师了解用户在使用产品时的环境和背景，以提供更好的用户体验和满足用户特定的需求。

（3）设计任务

调研分析：深入了解运动员的运动项目、身体特征、运动需求以及现有护具产品的优缺点。通过访谈、观察和文献研究等方式收集相关数据和信息。

需求定义：根据调研结果，明确运动员的需求和问题，包括保护性、适应性、舒适性、灵活性等方面的要求，以及运动员对个性化和模块化设计的期望。

细节设计：对选定的概念进行详细设计，包括结构设计、材料选择、制造工艺等方面。确保护具设计符合运动员的个性化要求和功能性要求。

原型制作：制作护具的初步原型，进行功能性测试和用户体验评估。根据测试和评估结果进行调整和改进，不断优化设计。

（4）技术参考指标

系统模型构建：对设计目标全面深入调研后，找到要素间的关联，并建立系统。

模块化分析：建立起模块之间的联系，分析各模块功能的定位。

定义功能：对每一个模块进行宏观的概述，寻找模块内部的关联。

分解模块功能：对每一部分功能详细分析，并且尝试从不同角度进行定义。

2.设计调研

（1）用户调研

从运动员的视角出发，酌情分析他们易产生伤痛的部位及原因。伤病对于每个人来说都是不可避免的，但发生在运动员身上，却严重得多，成绩滑坡，赛季报销，甚至运动生涯就此结束。市场上专门为运动员高强度、高精度、高难度的运动所设计的装备较少，多是一些面向大众运动的广泛设计，无法满足运动员的需求。

① 运动员产生伤病的原因

磨损积累：对于运动员来说，单一部位的重复动作极易造成局部过度疲劳，并最终引发伤病，这也是积劳成疾的必然过程。

意外性损伤：运动本身就带有一定的意外损伤风险，而不断挑战寻求突破的运动员时刻都走在危险的边缘。

② 运动员经常受伤的部位

游泳：肩和腰的压力最大，"游泳肩"是有名的运动损伤之一。在仰泳、自由泳、蝶泳、蛙泳的动作中，肩部肌肉内旋，频繁重复动作会使肌腱产生炎症和损伤。划水过程中肩关节后屈、内转，导致肩峰与骨大结节靠近，易发生碰撞，加重肌腱和肩关节的损伤。

乒乓球：在乒乓球运动中，几乎每一次击球都离不开转腰这个动作，容易造成运动员腰部负担过重而导致损伤。除了腰部外，乒乓球运动员脆弱的部位还有膝部、肩部、脚踝和手臂。

举重：举重运动员的伤一般集中在腰部、膝部和肩部，比赛时肘部容易受伤，手腕有时候也会受伤。

（2）护具种类调研

不同项目的运动员在不同场景中所使用的护具种类不同。对于专业运动员来说，训练是追求高强度、高精度的，不同的训练动作需要不同的保护位置和保护强度，如果只有一套运动护具就没有办法达成这个目的，但让运动员同时准备这么多套护具也不太现实。基于这个需求，将设计理念定为：用以应对运动员不同训练项目和训练日不同的身体状况的临时的、快速的、可调节的一次性护具。

肌内效贴布护具Ⅰ形贴：固定，促进肌肉收缩，支持软组织等。贴布不剪裁，依需求决定宽度及锚的位置。当锚贴好后，其余贴布均朝同一方向回缩，此时贴布对于软组织提供同一方向的强大引导力量，可作为引导筋膜、促进肌肉收缩及支持软组织等（图3-1）。

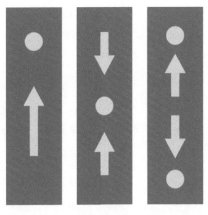

图3-1 肌内效贴布护具Ⅰ形贴示例图

图3-2 肌内效贴布护具X形贴示例图

图3-3 肌内效贴布护具Y形贴示例图

● 固定端
↑ 贴布回缩方向

图3-4 肌内效贴布护具散状贴示例图

肌内效贴布护具X形贴：提高痛点。贴布两端对半裁剪，中间不裁剪，四个分支的尾端贴布回缩朝向中间的锚，可促进锚位置的血液循环及新陈代谢，起到止痛的效果，也称为"痛点提高贴布"（图3-2）。

肌内效贴布护具Y形贴：调整肌肉张力，协同肌肉收缩，包绕特殊结构。贴布一端对半裁剪，另一端不裁剪。两分支尾端贴布的长度及夹角会影响回缩向固定端的回缩分离。该型贴布可调整肌肉张力，促进血液循环及新陈代谢，适用于放松紧张肿胀的肌肉，或促进协同肌收缩，或包绕特殊结构时使用（图3-3）。

肌内效贴布护具散状贴：促进淋巴液和血液循环，用于消除肿胀。即爪形贴布，贴布裁剪为多分支，借由较多分支贴布牵动皮肤所产生的池穴效应，以及贴布褶皱产生的方向性，将组织液引向最近的淋巴结，用于消除肿胀，促进淋巴液、血液循环。尾端贴布需包覆水肿的肢体或局部，强化引流效果（图3-4）。

肌内效贴布护具O形贴：稳定效果良好，维持肌肉张力。贴布两端不裁剪，中段对半裁剪，也就是两个Y形的合体。由于贴布两端均为固定端，故稳定效果良好，中段对半裁剪的贴布能维持肌肉张力，促进血液循环及新陈代谢（图3-5）。

肌内效贴布护具灯笼形贴：促进淋巴液和血液循环，用于消除肿胀，同时具有一定稳定效果。贴布两端不裁剪，中段裁剪为多个分支，也就是两个散状贴的合体。由于贴布两端均为固定端，故稳定效果良好，中段散状裁剪的贴布则能促进淋巴引流，有效改善局部水肿或淤血（图3-6）。

● 固定端
↑ 贴布回缩方向

图3-5　肌内效贴布护具O形贴示例图　　　图3-6　肌内效贴布护具灯笼形贴示例图

3.模块功能设计推敲

（1）护具模块撕裁方式设计

　　模块A：以肌内效贴布为材料，通过形状设计使其具备可以适配身体多部位的功能，通过预设的裁切线快速达成适配形状。以运动医学的贴扎理论和护具的保护原理为理论支持，确保形状具备功能性（图3-7、图3-8）。

形态1　I形　　　　　形态2　Y形　　　　　形态3　O形

沿裁切线撕开　　　　　粘贴拼接

图3-7　模块A裁剪示例图　　　　　　　图3-8　模块A示例图

模块B：以弹性柔性的材质为内层主要被包裹材料，与模块A配合，适配身体多部位，作为支撑和缓冲结构。以传统护具保护原理为支撑，确保其形态和材料能起到支撑和缓冲的作用（图3-9、图3-10）。

图3-9　模块B裁剪示例图　　　　　　　图3-10　模块B示例图

（2）模块功能测试

模块A：模特身高183cm，体重74kg，图示护具长为40cm，理想尺寸在25～30cm之间（图3-11、图3-12）。

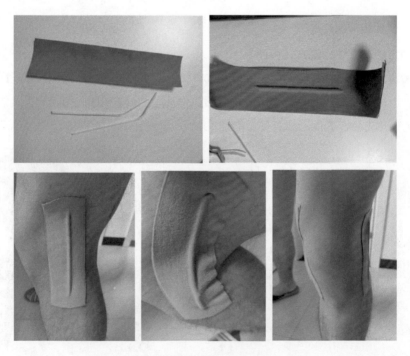

图3-11　模块A原形测试示例图（1）

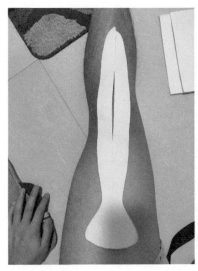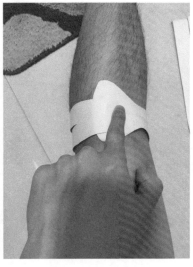

图3-12　模块A原形测试示例图（2）

模块B：模特同前，图示护具长16cm，宽9cm，理想尺寸为长14～15cm，宽7～8cm之间（图3-13、图3-14）。

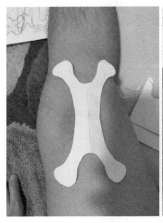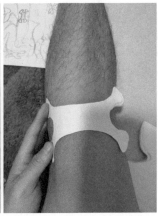

图3-13　模块B原形测试示例图（1）　　图3-14　模块B原形测试示例图（2）

4.使用流程

步骤1：取出模块A和模块B（图3-15）。

步骤2：沿着裁切线撕开模块A（图3-16）。

步骤3：根据提示撕开贴纸（图3-17）。

步骤4：搭建成临时护具（图3-18）。

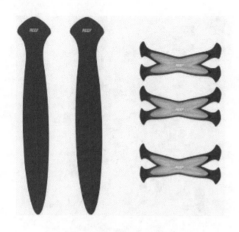

图3-15 步骤1示例图

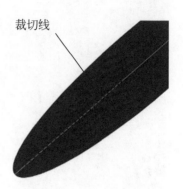

裁切线

图3-16 步骤2示例图

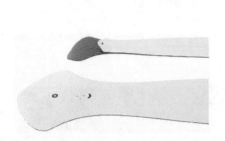

图3-17 步骤3示例图

图3-18 步骤4示例图

5.设计总结

图3-19 肌内效贴使用示例图

　　该产品是为应对运动员高强度、高精度、高难度的运动特征所设计的模块化运动护具，旨在能够快速搭建一个临时的可调整的一次性运动护具来帮助运动员精确应对训练时不同的身体状况和训练项目，根据传统护具的保护理论，以弹性和缓冲为关键词，对肌肉和关节起到支撑和保护的作用。采用模块化设计，将传统护具拆分为两个模块——基本构架模块和弹性模块，通过互相组合形成不同尺寸，应用于不同部位，生成不同效果的运动护具（图3-19）。

第二节　从形式设计思维到本质设计思维

一、形式设计思维

1.形式设计思维的表现

形式思维是指一种涉及结构化、逻辑化地解决问题的思维方式。这是一种高度服从规则、程序和算法来得出解决方案或结论的思维方式。在这种方式中，人们遵循一组特定的步骤或流程来达到特定的结果。形式思维通常与数学和计算机编程有关，希望得到精确和可预测的结果。它也用于法律和道德推理，其中规则和原则的适用至关重要。

形式思维的主要优势在于其可靠性和一致性。当遵循一组程序时，无论个人偏见或主观性如何，每次都能得出特定的结果。这使得形式思维在精度和准确性至关重要的领域变得有用，例如科学、工程和金融领域。

（1）公式化和僵化

形式思维依赖于遵循既定的程序，这可能会限制一个人的创造性或跳出"框框"思考的能力，无法看到事物的本质，会使解决不适合特定框架或一套规则的问题变得具有挑战性。

（2）缺乏同理心

形式思维往往关注问题的客观性和可衡量性方面，而忽略了可能影响情况的主观和情感因素。这可能导致对可能受决定影响的个人或群体缺乏理解和同情心。

（3）精神内耗

过分遵循既定程序并检查错误或不一致需要付出很多努力，会使人陷入精神内耗。在某些情况下，这样的思考可能不是解决问题的最有效的方法。

如果使用得当，形式思维可以是一个强大的工具，但重要的是要意识到它的局限性，并平衡它与其他思维方式，如直觉和创造性思维。虽然形式思维有助于提供结构和一致性，但设计通常需要更灵活和创造性的方法。设计是一个重视创新和独特的解决方案的领域，这可能会受到僵化和公式化思维的阻碍。

2.形式思维的影响

依赖预先存在的模板和解决方案：当遵循一套规则或程序时，设计师可能会倾向于简单地应用预先存在的设计，而不是开发独特和创新的解决方案。这可能导致设计缺乏创造力和原创性，以及无法满足用户的特定需求和愿望。

（1）强调客观的衡量标准

虽然功能和效率等客观标准在设计中很重要，但美学、情感和用户体验等主观因素也起着至关重要的作用。形式思维可能会以牺牲这些主观因素为代价来优先考虑客观标准，导致设计在技术上是合理的，但缺乏使它们真正成功的情感。

（2）限制创新的潜力

当遵循一套程序时，设计师可能会对偏离既定规则或承担可能导致失败的风险犹豫不决。这会导致缺乏实验和创新，以及错失创造真正开创性设计的机会。

（3）阻碍协作

当设计师专注于遵循既定的程序和规则时，他们可能无法与用户和其他利益相关者进行有效沟通。这会导致设计不符合这些群体的需求或愿望，以及使设计错过反馈和迭代的机会。

为了避免设计中形式思维的这些后果，设计师应该用更灵活和有创造性的方法来平衡他们对规则和程序的依赖。这可能涉及承担风险，尝试新想法，寻求各种利益相关者的反馈和合作。设计师还应优先考虑美学、情感和用户体验等主观因素，同时仍然要满足功能和效率等客观标准。

3.如何正确面对形式思维

（1）拥抱不确定性

模棱两可涉及可以解释的情况，而不确定性涉及结果不明的情况。通过拥抱模棱两可和不确定性，个人可以对未知事物感到更自在、更愿意冒险和尝试新事物。

（2）专注于解决问题

将焦点放在解决实际问题和满足用户需求上。设计应该始终以问题为导向，而不仅仅是为了追求独特或美丽的外观。深入了解用户需求、行为和使用情境，并确保设计方案能够有效地解决问题和提供实际价值。

（3）审慎使用设计元素

当考虑设计元素时，如颜色、形状、纹理等，要确保它们与产品形象相统一。避免过度使用或滥用设计元素，以免让形式主义占据上风。

打破外在形式思维的牢笼需要心态和方法的转变，以及承担风险、挑战假设及接受歧义和不确定性的意愿。通过培养自我意识、好奇心、同理心、协作和创造力，个人可以摆脱僵化和公式化的思维方式，向新的创新解决方案敞开心扉。

二、本质设计思维

用户无法描述出他们没有见过的东西，在汽车出现之前，人们只想要一匹更快的马。设计思维是一个迭代过程，旨在理解和同情用户的需求和观点，生成想法和解决方案，构造原型和测试这些想法，并根据用户反馈进行迭代。设计思维的一个关键原则是将用户置于过程的中心，设计满足其需求和偏好的解决方案。为了有效地做到这一点，必须从用户的隐藏需求开始——他们的目标、愿望和痛点。

1.本质设计思维的概念

本质设计思维是从用户的本质需求出发，这是设计过程的起点，即用户的当前情况、需求和愿望。通过了解用户的本质需求，设计师可以识别创造价值和解决问题的机会。用户的本质需求是了解用户试图实现的目标和原因的起点。这对于设计满足用户需求和期望的产品和服务至关重要。了解用户的本质需求涉及以下几个步骤。

（1）简化复杂性

简化设计思维的关键在于减少产品或系统中的复杂性。这意味着要识别并消除冗余、不必要的元素、功能或步骤。通过深入了解用户需求和使用情境，设计师可以确定哪些部分是关键的，哪些是可以简化或去除的，以达到简化复杂性的目的。

（2）用户体验为中心

本质设计思维将用户体验放在中心位置。它强调让用户能够更轻松、更快速地理解和使用产品。本质设计可以减少用户的认知负荷，使用户能够直观地理解产品的功能和操作方式，从而提供更好的用户体验。

在整个本质设计思维过程中，重要的是要牢记用户的隐藏需求。这意味着了解用户的目标和愿望，以及他们的痛点和挑战。通过了解用户的隐藏需求，设计师可以创建满足用户需求和期望的产品和服务。

2.运用本质设计思维的方式

本质设计思维的核心理念是去除冗余和不必要的元素，它可以帮助设计师把握产品的核心，提供使用户友好的体验。它适用于各种产品的设计，从电子设备和用户界面到包装和空间设计，都可以从本质设计思维中受益。

（1）去除冗余

通过深入了解用户需求和使用情境，设计师可以识别出不必要的功能、复杂的界面或烦琐的步骤，并将其剔除，使产品更加精简和高效。

（2）提高易用性

本质设计可以提高产品的易用性。通过减少学习和操作的难度，用户能够更快地上手并轻松地完成任务。简化的界面和交互也能减少用户的困惑和错误操作，提供直观和愉悦的使用体验。

（3）强调关键功能

本质设计有助于突出产品的关键功能和核心价值。通过去除次要的功能和元素，设计师能够将注意力集中在最重要的方面，使用户更容易理解和使用产品的主要功能。

（4）优化交互体验

本质设计可以减少用户与产品之间的"摩擦"和产品响应的时间。简化界面和交互流程能够提高产品的响应速度和操作效率，使用户能够更快地完成任务并获得即时的反馈。

3.运用本质设计思维的案例

近年来，中国品牌不断涌现，许多品牌以独特的设计理念和以用户为中心的设计而闻名。在本节中，我们将分析一些符合上述设计思维概念的中国品牌，特别是在家用电器和电动汽车领域。

（1）小米

小米是一家中国跨国消费电子和家电公司。它以创新和以用户为中心的设计而闻名。小米的设计理念是以用户的需求和愿望为中心，其开发了一系列旨在满足用户需求的产品。

小米以用户为中心的设计的一个例子是其智能家居平台。智能家居平台允许用户通过单一界面控制他们的家用电器和设备。该平台旨在直观且易于使用，具有语音控制和个性化设置等功能。

小米的智能家居平台设计灵活且可定制，允许用户根据需要添加或删除设备。用户可以在平台上提供反馈，小米则根据反馈来改进平台。

（2）蔚来

蔚来是一家中国电动汽车制造公司，以创新和以用户为中心的设计而闻名。蔚来的设计理念是以用户体验为中心，基于创造无缝和愉快的驾驶体验的原则。

蔚来以用户为中心的设计的一个例子是其移动应用程序。该应用程序旨在成为用户与车辆所有交互的中央枢纽，从安排维护预约到跟踪用户的驾驶统计数据。它以直观且易于使用为目标，具有语音控制和个性化设置等功能。它还设计为可灵活的定制，允许用户根据需要添加或删除功能。

蔚来以用户为中心的设计的另一个例子是其电池即服务（BaaS）模型，允许用户为他们的车辆租赁电池，而不是直接购买。这种方法基于理解用户需求和愿望的设计受到用户的喜爱。因为电池的成本很高，许多用户可能不想购买电池。

近年来，中国品牌在创造以用户为中心并满足用户需求和愿望的产品方面取得了长足进步。小米和蔚来等品牌都展示了它们对本质设计思维的实践，他们的产品，从家用电器到电动汽车，都是为用户设计的，旨在使用户的体验更加无缝、愉快和高效。随着中国品牌的不断成长和创新，想到它们将创造那些以用户为中心的新产品，就令人兴奋。

上述案例研究提供了用本质设计思维设计产品的一瞥，这些案例体现了摆脱外部思维的原则，展示了设计师如何创造不仅实用、交互友好，而且可持续创新的产品。

三、设计实例：食材洗切器V-Helper

1.设计课题

（1）以探索本质设计思维为主题的残障人士生活用品产品设计

基于探索本质设计思维，设计面向残障人士以及其他特定群体如病患、婴幼儿、孕妇、老年人、大龄单身人士等的生活用品。设计的重点是从用户的真实需求和体验出发，围绕与饮食有关的行为和场景展开创新的产品设计或服务设计。

设计师需要进行深入的研究，了解目标群体的生活方式。通过头脑风暴生成创意概念，收集各种可能的解决方案，并筛选出最具前瞻性和社会价值的创意概念。在概念开发和设计阶段，注重产品的功能、形式、材料和人机交互等方面的设计细化和原型制作。进行原型测试和评估，收集用户的反馈和意见，并进行改进和优化。

（2）调研任务

用户需求研究：通过深入了解残障人士的真实需求和体验，设计师可以确定他们在日常生活中所面临的挑战和障碍，从而开发出适应他们特殊需求的生活用品，包括辅助工具、可穿戴设备、通信工具等。

无障碍设计调研：产品应具备易于使用的界面和操作方式，考虑各种残障条件下的可达性，包括视觉、听觉、运动等方面。

（3）设计任务

定义设计目标：根据对目标群体的研究，明确设计目标和待解决的问题。例如在饮食方面，是否存在障碍或挑战，如何提供更好的体验和便利性。

功能和实用性设计：设计师应注重产品的功能性和实用性，确保产品能够解决残障人士在日常生活中遇到的问题。例如，设计易于操作的辅助工具，提供便捷的移动解决方案，以及智能化的辅助设备等。

材料和人体工程学：选择合适的材料和人体工程学设计，以确保产品的舒适性和安全性。考虑到残障人士的身体状况和需求，产品的设计应符合人体工学原理，以提供良好的使用体验。

（4）技术参考指标

原型测试与评估：制作设计的原型，并邀请目标群体进行测试和评估，收集用户的反馈和意见，了解他们对产品的感受和满意度，根据测试结果进行改进，确保产品与用户需求相符。

上市后的用户反馈与改进：产品上市后，与用户保持沟通和互动，收集用户的反馈和意见。根据用户的反馈进行改进和优化，不断提升产品的性能和用户体验。

2.设计调研

（1）设计背景

我国各类残疾人的人数分别为：视力残疾1263万人；听力残疾2054万人；言语残疾130万人；肢体残疾2472万人；智力残疾568万人；精神残疾629万人；多重残疾1386万人。各残疾等级人数分别为：重度残疾2518万人；中度和轻度残疾人5984万人（数据来源：中华人民共和国国家统计局《残疾人联合会第六次全国人口普查》）（图3-20）。

（2）人群定位

围绕与饮食有关的行为和场景，进行相关的产品设计——针对肢体残疾者（手臂残疾人）设计一种洗菜切菜的产品（图3-21）。

（3）产品调研

市场定位：现有的市场上的洗菜切菜产品定价跨度大，高低不一；市场上大部分产品功能单一；现有产品基本上不能满足单手操作，特别是对手臂残疾者不友好，产品功能只能部分实现，或者用户无法顺利使用产品。

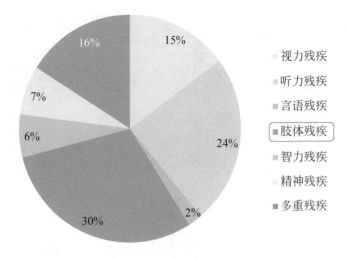

图3-20 各类残疾人占比饼状

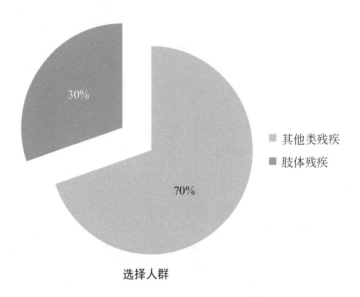

图3-21 肢体残疾人占总残疾人比例

　　材料方面： 材料使用PP+ABS+不锈钢+PET（食品级）。

　　功能方面： 市场大部分产品功能单一，不能满足所有类型的切菜需求（切条/块/丁/丝等），洗菜器清洗方式多样（超声波/微电解水/臭氧等）。现有市场上洗菜切菜的产品大致分为传统手动型和电动型，切菜器有接触式摩擦切割和非接触式刀片切割两种类型。现有市场上产品的分类如图3-22所示。

图3-22　现有市场上产品的分类

3.设计过程

（1）关键词

能够满足手臂残疾人群单手操作；代替辅助手固定器具/食材的功能；能达到简易的洗菜目的；便于转移切菜器切好的食材；产品的稳定性高；造型简洁。V-Helper食材洗切器案例、食材洗切器的思维流程如图3-23、图3-24所示。

图3-23　食材洗切器案例

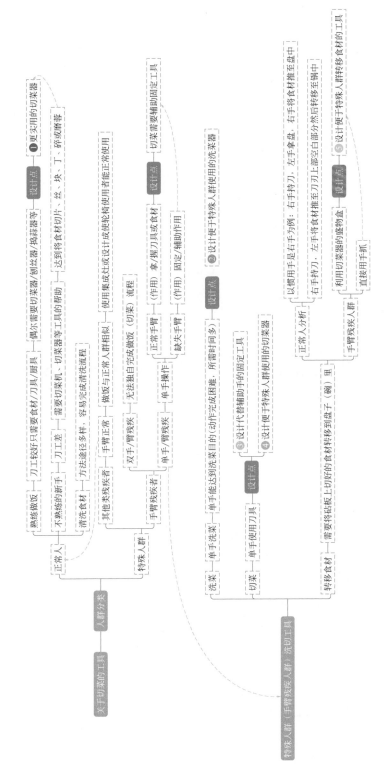

图3-24　食材洗切器的思维流程

（2）草图过程

整体构思： 食材洗切器设计草图如图3-25所示。

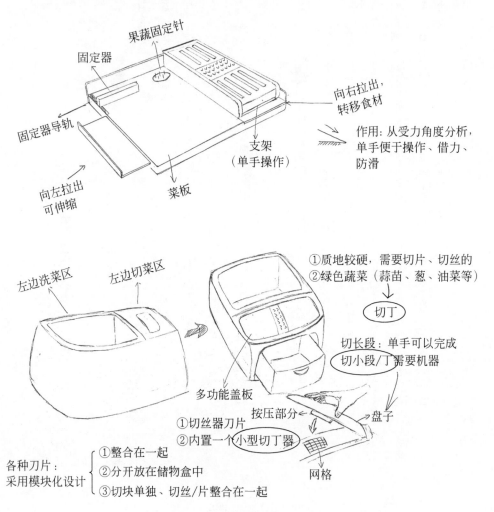

图3-25　食材洗切器设计草图（1）

本质思维： 食材洗切器设计草图如图3-26所示。

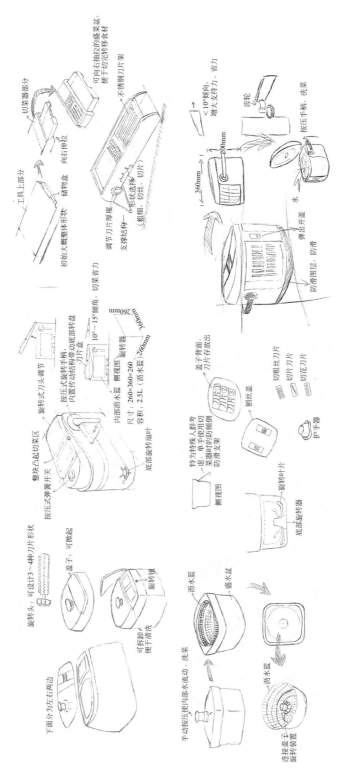

图3-26 食材洗切器设计草图（2）

（3）材料选择

食材洗切器材料选择如图3-27所示。

ABS 塑料
强度高、韧性好、易于加工成型的热塑型高分子结构材料，其制品可着成五颜六色，并具有高光泽度。

防滑橡胶涂层
与基材粘接力强，强度高，耐水，耐磨，耐老化。

聚酯纤维
有良好的力学性能，耐折性好，透明度高，光泽性好，无毒、无味，卫生安全性好。

304 不锈钢
耐腐蚀、耐高温，加工性能好，广泛使用于工业和家具装饰行业和食品医疗行业。

图3-27　食材洗切器材料选择

4.产品展示

（1）渲染图展示

场景渲染示意图、产品展开示意图如图3-28、图3-29所示。

（2）结构爆炸图展示

结构爆炸示意图如图3-30所示。

图3-28　场景渲染示意图

图3-29　产品展开示意图

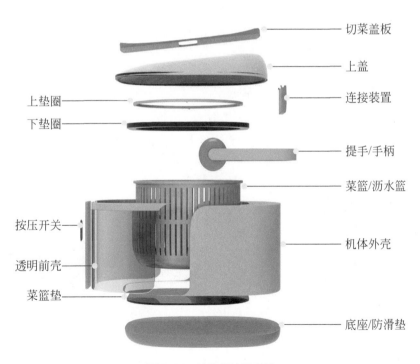

切菜盖板

上盖

上垫圈

连接装置

下垫圈

提手/手柄

菜篮/沥水篮

按压开关

机体外壳

透明前壳

菜篮垫

底座/防滑垫

图3-30　结构爆炸示意图

（3）使用流程图展示

使用流程示意图如图3-31所示。

①按压开关　②弹开上盖　③将食材放入菜篮　④将洗菜器盛满水

⑧享受美食　⑦将食材转移至锅中烹饪　⑥将食材利用切菜器切丝/切片/切条/磨蓉等　⑤上下按压提手（手柄）洗菜

图3-31　使用流程示意图

（4）产品细节展示

弹簧上盖：轻轻向里按压即可弹起上盖，轻松省力（图3-32）。

盖子内置切菜器：可更换刀片切片/切丝/切条/磨蓉等（图3-33）。

省力倾角：10°倾角，增大摩擦力，省力（图3-34）。

图3-32　按钮示例图　　图3-33　切菜器示例图　　图3-34　10°倾角

传动：齿轮传动，连续传递动力，高速旋转菜篮洗菜、甩干（图3-35）。

提手/按压手柄：垂直状态，可单手轻松提起器具、调转方向或移动。90°旋转角度、齿轮传动带，利用离心力洗菜并甩干（图3-36）。

图3-35　齿轮传动示例图　　　　　　　　　图3-36　手柄示例图

5.设计总结

V-Helper食材洗切器是一款专为手臂残疾者设计的简易洗菜切菜器具。该产品的设计目标是解决手臂残疾者在独自做饭过程中洗菜和切菜的困难。通过网络市场调研，发现原有产品无法满足单手操作的需求。因此，V-Helper对洗菜切菜工具进行了改良设计，考虑特殊人群的使用体验，确保产品可单手操作、简易和安全。这样的设计旨在让手臂残疾者也能享受到烹饪美食的乐趣。

第三节　从被动性设计思维到主动性设计思维

需要注意的是，主动性和被动性在设计中并不是对立的概念，而是存在于不同设计元素和产品功能中的不同的程度和方式。设计师可以根据具体情况和用户需求，灵活地运用主动性和被动性的原则，以提供更好的用户体验和交互方式。

一、被动性设计思维

1.被动性设计思维的表现

被动性设计思维是指设计元素或产品缺乏主动行为，需要用户发起互动或产生触发才能进行响应。被动性设计需要用户主动操作或提供输入才能获得相应的反馈或结果。它通常更加依赖用户的意愿和决策。被动性设计思维的特点在于产品需等待用户的操作反馈，产品或界面在用户进行操作时，相应地改变状态或执行相应的功能。

（1）需要用户的即时反馈

产品或界面等待用户的输入或指令，以进行下一步的操作或反馈，用户通过主动操作来推动产品的进程和反馈，在用户完成某项操作后，提供必要的反馈信息，以确认操作的成功或输出结果。

（2）无法做出创造性产品

如果不积极与用户接触以了解他们的需求和偏好，设计师设计真正的创新产品的能力可能会受到限制。它们可能依赖于现有的设计趋势和美学进行设计，导致产品是衍生的而不是开创性的。

2.如何正确面对被动性设计思维

避免被动性设计思维需要将设计方法转向更积极、以用户为中心的方法，把人的因素放在首位。以下是一些避免被动性设计思维的策略。

（1）交互设计的反馈循环

进行用户测试和收集用户反馈，了解用户的期望和需求，不断改进和优化交互设计。通过与用户的持续交流和迭代设计，设计师可以更好地满足用户的期望，并提供更主动、有针对性的用户体验。

（2）对反馈持开放态度

对反馈持开放态度是避免被动性设计思维的关键。设计师应该愿意听取用户反馈，并根据反馈对其设计进行更改。这可能涉及进行用户测试、焦点小组（小组访谈）和其他收集反馈的方法。

二、主动性设计思维

1.主动性设计思维的概念

主动性设计思维是一种以用户为中心的设计思维，强调设计师主动解决问题和满足用户需求的能力。设计师在设计过程中要主动地提出创新和改进的想法，并积极地与用户进行沟通和反馈。

主动性设计思维的概念是对被动性设计思维缺点的回应，被动性设计思维倾向于以产品为中心，而不是以用户为中心。在整个设计过程中与用户互动，可以使设计师创建解决现实世界问题的解决方案，并与用户的需求和偏好保持一致。这可能会带来更有效、更方便用户的解决方案，并更好地满足用户的需求。

2.运用主动性设计思维的方式

（1）提供明确引导

通过界面上的指示、引导语言或动画效果，帮助用户理解和掌握产品的功能和操作方式，根据用户的行为或需求主动提供相关的信息或建议，帮助用户更好地完成任务。

（2）预测用户需求

基于用户的过往行为或上下文信息，预测用户可能的需求，并提前准备相应的选项或建议。通过自动化技术，将某些任务或决策过程从用户身上转移，减轻用户的负担。

（3）以用户需求为核心

通过将用户置于设计过程的中心，可以创造出真正满足其需求和偏好的产品。这可以提升用户满意度，提高品牌声誉和销售额。

3.主动性设计思维的案例

（1）Apple Watch Series 8

Apple Watch Series 8是主动性设计思维的一个例子。苹果进行了广泛的用户研究，以了解用户的需求和偏好，并将这些反馈纳入产品设计中。

苹果使用主动性设计思维来识别和解决用户的痛点。例如，Apple Watch Series 8包括一个新功能，可以检测用户何时摔倒，并在必要时自动呼叫紧急服务。此功能是根据在锻炼时对安全表示担忧的用户的反馈设计的。

苹果还与医疗领域的专家合作，为Apple Watch Series 8开发新功能。例如，手表包含一个心率监测器，可以检测心律不齐，进而能表明严重的健康状况，如房颤。此功能旨在帮助用户监测他们的健康状况，并及早发现健康问题。

苹果对Apple Watch Series 8的设计进行了测试和迭代，在整个开发过程中将用户反馈纳入产品，结合了用户的需求和偏好，以创造一个真正满足他们需求的产品。

（2）赫曼米勒（Herman Miller）Aeron椅子

赫曼米勒 Aeron椅子是使用主动性设计思维设计产品的一个例子。该椅子旨在满足用户的人体工程学需求，重点是减少身体压力和改善姿势。

赫曼米勒进行了广泛的用户研究，以了解其需求和偏好。该公司与医学专家和人体工程学专家合作，开发了可以减轻身体压力和改善姿势的Aeron椅子。产品采用以人为本的设计原则设计，在整个开发过程中纳入了用户反馈。

Aeron椅子也进行了广泛的测试，以确保它满足用户的需求。该公司对其进行了人体工程学测试，确保椅子提供必要的支持和可调节性，以满足广大用户的需求。

Aeron椅子结合了用户反馈、与专家的合作和严格的测试，是真正满足用户需求的产品。

三、设计实例：指尖上的世界——视障儿童触摸玩具

1. 设计课题

（1）以探索主动性设计思维为主题的视障儿童触摸类交互玩具产品设计

运用主动性设计思维进行设计创新，该课题不特定针对某一类人群，符合用户的真实需求。3~6岁是儿童发展的黄金阶段，智力和个性发展都是非常迅速的。要求设计师站在视障儿童的角度设身处地思考待解决的问题，对视障儿童进行真实的设计调研，了解真实的设计需求。

（2）调研任务

用户调研：理解3~6岁儿童的认知水平、兴趣爱好和发展需求。考虑他们在玩玩具过程中寻求乐趣、互动和探索的特点。

场景调研：对目标用户（视障儿童）进行真实的设计调研，了解他们的特殊需求。通过与视障儿童及其家长、教育专家等的交流，深入了解他们的感受、期望和现实问题。

设计需求调研：通过观察、访谈、问卷调查等方式收集关于视障儿童对玩具的需求和偏好的数据。了解他们在游戏和互动中对辅助工具、感官刺激和情感交流等方面的需求。

（3）设计任务

创新和互动性：设计师可以通过创新的方式增加玩具的互动性，让视障儿童能够参与其中并获得愉快的体验。例如，结合技术手段如声音识别、触摸屏等，创造出与视障儿童进行互动的特殊功能。

包容性设计：设计师需要注重包容性设计，使玩具能够适应不同儿童的个性和能力。考虑使用多种感官刺激和互动元素，以便视障儿童能够通过触觉、听觉和其他感官来感知玩具并与玩具互动。

（4）技术参考指标

安全性和耐用性：对于儿童玩具，安全性和耐用性是非常重要的考虑因素。设计师应确保玩具材料安全无害，结构坚固耐用，以保证儿童的安全和玩具的长期使用价值。

用户测试和反馈：将设计的玩具原型交给目标用户测试，并与用户及其家长进行讨论。根据他们反馈的意见和建议进行改进，以确保玩具在实际使用中能够真正满足视障儿童的需求。

2.设计过程

（1）人群分析

先天性的视障者由于根本就没有经历过对颜色的体验，所以没有任何颜色的概念，也不存在"看到"，因为也没有任何看的体验。后天性的视障者由于有过对颜色的体验，会有颜色的概念，如果他们大脑里视觉部分（如果没损坏）受到某种刺激，使他们有了视觉感，那他们会有某种颜色感——"看到"（感觉到）颜色。

视障儿童接收信息的方式如图3-37所示。

图3-37　视障儿童通过触摸盲文接收信息

（2）实地调研

视力障碍、听力障碍或者一些智力有损的孩子玩的玩具都是一样的：电子琴类玩具、毛绒玩具、拼图益智类的玩具。但是平面玩具对于视障儿童来说是不适合的。

相比毛绒玩具，视障儿童更喜爱的是一些可以发声的玩具，比如电子琴，但是这并不代表视障儿童排斥毛绒玩具，毛绒玩具的手感和形象会给人带来温馨的感觉。

（3）设计过程

视障儿童触摸玩具的设计草图如图3-38所示。

图3-38　视障儿童触摸玩具的设计草图

电源模块：电源采用9V电池作为整个硬件部分的电源模块，其通过7805转压芯片将9V电压转换成5V电压，为语音模块提供稳定、正常的工作电压（图3-39）。

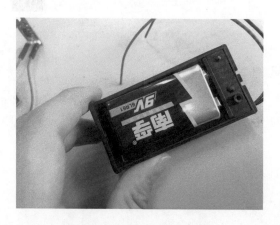

图3-39　南孚9V电池示例图

开关模块：考虑到电源容量问题，在该模块上还加入了自锁开关，可根据需要打开或关闭电源（图3-40）。

语音模块： 为实现小动物的发音功能，在内存卡中存入相关的录音文件，可针对不同的模型发出相适应的语音。除此之外，将A1引脚设置为语音触发引脚，在该引脚处接入电线放入模型的耳朵或鼻子中，当用户捏该模型的耳朵和鼻子时，则会触发语音功能（图3-41）。

语音触发模式接线： A1引脚与GND分别接入一根电线放入小动物的鼻子中，并在两根杜邦线的一头贴上锡箔纸；当用户捏住小动物的鼻子时，两片锡箔则接触在一起，触发A1引脚，开始播放语音（图3-42）。

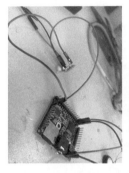  

图3-40　开关模块　　　　　图3-41　语音模块　　　　　图3-42　剪线示例图

　　　　示例图　　　　　　　　　　示例图

3.设计展示

（1）小狗

小狗玩具效果图、小狗玩具细节示例图如图3-43、图3-44所示。

 将灰色毛线和玫红色毛线一起用在小狗的后颈处织一个蝴蝶结，整个形象更温柔亲切

图3-43　小狗玩具效果图

图3-44　小狗玩具细节示例图

（2）长颈鹿

长颈鹿玩具效果图、长颈鹿玩具细节示例图如图3-45、图3-46所示。

将深咖色和黄色的羊绒毛线织在一起，毛线的细腻手感会使原本高傲不羁的长颈鹿调皮可人

图3-45　长颈鹿产品效果图

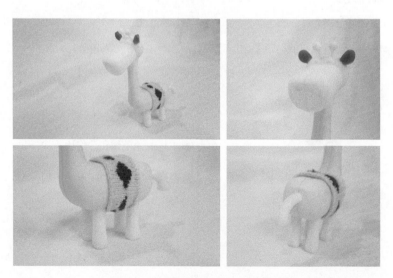

图3-46　长颈鹿玩具细节示例图

（3）刺猬

刺猬玩具效果图、刺猬产品细节示例图如图3-47、图3-48所示。

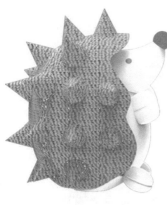

雪尼尔比起粗细不一的毛线来说，使人的触觉很敏感，但是它本身柔软，并不会使儿童觉得害怕

图3-47　刺猬玩具效果图

图3-48　刺猬玩具细节示例图

（4）爆炸图

长颈鹿玩具爆炸图如图3-49所示。

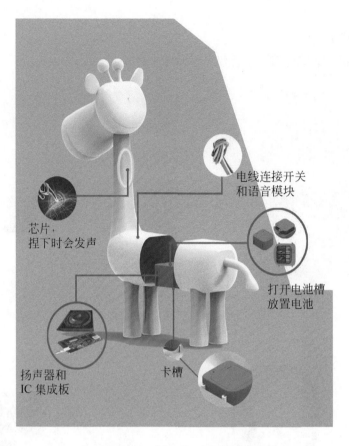

电线连接开关
和语音模块

芯片，
捏下时会发声

打开电池槽
放置电池

扬声器和
IC 集成板

卡槽

图3-49　长颈鹿玩具爆炸图

4.设计总结

　　世界由各种色彩构成，玩具是陪伴孩子度过童年的伙伴，玩具的价值应当体现在消除儿童与世界之间的距离，从而使儿童融入世界。家庭和社会对视障儿童的关爱程度，对他们的成长和发展至关重要。

第四节　从推演性设计思维到前瞻性设计思维

　　推演性设计思维是一个基于过去经验和现有知识解决问题的过程。在这种思维中，设计师根据过去有效的方法，演绎推理出解决方案。这种思维可以有效地解决定义明确的问题，但在处理复杂、不确定和快速变化的问题时可能有局限。

前瞻性设计思维是一种积极主动的思维，旨在预测和塑造未来。这种思维超越了眼前的问题，并考虑到问题存在的更广泛的背景。这种思维要求设计师深入理解塑造未来的趋势、驱动因素和力量，并利用这种理解开发可以创造新价值的创新解决方案。为了从推演性设计思维转向前瞻性设计思维，设计师必须拥有新的心态和新工具。

一、推演性设计思维

推演性设计思维是一种帮助设计师和创新者通过遵循结构化流程创造更高效、更有效的解决方案的方法。它涉及理解问题、收集信息、构思、原型设计、测试和迭代，目的是找到解决方案。演绎推理是从一个或多个陈述中推理得出逻辑结论的逻辑过程。

推演性设计思维是一种有效的问题解决方式，它将演绎、推理相结合，以创建一个更结构化和逻辑的过程。它允许设计师和创新者将复杂的问题分解为更小的部分，并消除不起作用的潜在解决方案。这种方法有助于创建更高效、更有效的解决方案，以满足解决问题的需求。虽然推导出的线性设计思维可以是一种有价值的解决问题的方法，但它并非没有局限性和缺点。以下是这种思维方式的一些潜在缺点。

（1）缺乏创造力

推演性设计思维可能过于僵化和结构化，这可能会限制创造力和开箱即用思维。对逻辑推理和消除潜在解决方案的关注可能会扼杀非常规或不立即显而易见的创新想法。

（2）过度依赖数据

虽然收集数据和信息是设计过程中的重要一步，但推演性设计思维可能会过于强调数据，而忽视直觉和同理心的重要性。有时，最有效的解决方案可能源于了解利益相关者的情感和心理需求，而这些需求并不总是通过数据来量化。

（3）范围有限

推演性设计思维倾向于解决特定问题，这可能会限制其使用范围，并忽略可能导致问题的更广泛的系统性问题。它也可能忽视解决方案的潜在意外后果。

（4）不灵活性

过程的线性性质会使其难以处理过程中可能出现的意外变化或新信息。这可能会使设计相应的调整解决方案变得具有挑战性。

（5）缺乏多样性

推演性设计思维可能有利于那些擅长分析和具有逻辑思维的人，可能会排除那些具有不同解决问题的方法的人，可能会限制提出来讨论的观点和想法的多样性。

虽然推演性设计思维可以是一种有效的解决问题的方式，但重要的是要认识到它的局限性和潜在的缺点。将其与同理心和创造力等其他方法结合，可以帮助克服这些局限性，并设计出更全面的解决方案。

二、前瞻性设计思维

前瞻性设计思维是一种通过展望未来来为复杂问题创造创新解决方案的方式。它涉及预测未来的趋势、需求和行为，设计适应性强、可持续的解决方案，对社会负责。这种方式需要多学科的方法以及与最终用户和利益相关者的合作，以确保设计的解决方案是相关的、有效的和可持续的。通过采用长期观点并考虑其解决方案对子孙后代的潜在影响，设计师设计的解决方案不仅可以解决当前的问题，还可以为所有人创造更美好的未来。

1.前瞻性设计思维的概念

（1）展望未来

为复杂问题创造创新解决方案的方法涉及预测未来的趋势、需求和行为，设计适应性强、可持续和弹性的解决方案。这意味着设计师不仅需要考虑最终用户的迫切需求，还需要考虑他们的未来需求以及解决方案对社会和环境的影响。设计师应考虑设计的整个生命周期，从用于制造它的材料到其使用寿命到期后的处置；他们还应该考虑产品对环境的潜在影响，例如碳足迹，并设计将影响降到最低的解决方案。

（2）跨学科

前瞻性设计思维结合了创造力、同理心和理性，以开发满足最终用户需求的解决方案。前瞻性设计思维是当代设计师必须具备的思维方式。设计思维过程通常涉及五个阶段：理解问题、收集信息（定义）、构思、原型设计、测试和迭代。每个阶段都涉及一套工具和技术，以帮助设计师理解问题，产生想法并测试解决方案。然而，前瞻性设计思维超越了传统的设计思维过程，考虑了正在开发的解决方案对未来影响。

（3）可适应性

使用前瞻性设计思维开发的解决方案应该适应不断变化的环境。鉴于技术变迁的快速步伐以及未来趋势和需求的不可预测性，这一点尤为重要。设计师需要开发灵活和适应性强的解决方案，以便根据情况的变化对其进行修改或重新配置。

（4）社会性

设计师需要开发对社会负责且经济上可行的解决方案。这涉及考虑解决方案对不同利益相关群体的影响，包括最终用户、企业和政府。

（5）经济可行性

这一原则涉及考虑所开发的解决方案的潜在经济效益和成本。在开发解决方案时，设计师需要考虑创造就业机会、经济增长和环境效益的潜力。通过考虑解决方案的经济影响，设计师可以确保他们正在创建不仅有效而且在经济上可行的解决方案。

（6）可操作性

进行彻底的研究和分析，以了解最终用户和利益相关者的需求和行为，识别和预测未来的趋势和需求，以开发相关且适应性强的解决方案。考虑解决方案的整个生命周期，从使用材料到到期处置，以确保其可持续性和环保。制定对社会负责的解决方案，并考虑对不同利益相关群体的影响。测试和迭代解决方案，以确保它们有效并满足最终用户的需求。

2. 运用前瞻性设计思维的方式

（1）预测变化

设计师必须学会预测变化，而不是仅对变化做出反应。这意味着要能查看可能表明潜在中断或机会的趋势和弱信号。设计师还必须学会使用场景规划来探索不同的未来，并为意外做好准备。

（2）可持续性

要设计环保、对社会负责和在经济上可行的解决方案。可持续性对于确保今天开发的解决方案不会损害子孙后代并满足需求至关重要。为了实现可持续性，设计师需要考虑其解决方案的整个生命周期。他们还需要考虑解决方案对环境、社会和经济的影响。

（3）使用新技术

新技术，如人工智能、区块链和AR/VR，为创新提供了新的机会。设计师必须学会使用这些技术，并使用它们为用户创造新价值。

从推演性设计思维到前瞻性设计思维的转变并不容易，这需要设计者改变心态和方法。如果设计师想在快速变化的世界中保持相关性和有效性，这是必要的转变。通过采用前瞻性设计思维，设计师可以预测变化，与用户共同创造，拥抱不确定性，系统地思考，使用新技术，并创造新的商业模式。这将使设计师能够开发创新的解决方案，从而创造新的价值并塑造未来。

3.运用前瞻性设计思维的案例

前瞻性设计思维是一种解决问题的方式，包括展望未来并预测潜在的挑战和机遇。这是一种积极主动的方式，使个人和组织能够创造创新、可持续和适应性强的解决方案。在这里，我们将讨论前瞻性设计思维的使用及其在各个行业中的重要性。在商业上通过预测潜在的挑战和机遇，企业可以创造创新和可持续的解决方案，创建潜在的未来场景，并分析它们将如何影响业务。这样做，企业可以为潜在的挑战和机遇做好准备，并制定主动的战略。

（1）无印良品

无印良品是一家日本零售公司，提供各种产品，包括家具、家居用品和服装。MUJI的设计基于简单性、功能性和可持续性原则。该公司对极简主义和可持续性的关注使其成为日本和全球设计行业的领导者。无印良品对前瞻性设计思维的使用在其产品的可持续性方面显而易见。该公司旨在通过使用再生纸和塑料等可持续性材料来最大限度地减少浪费并减少对环境的影响。无印良品还将其产品设计得经久耐用，减少了更换和浪费。无印良品的前瞻性设计思维使该公司能够领先于竞争对手，并保持其设计行业领导者的地位。无印良品的产品不仅美观，而且具有可持续性，满足了人们对环保产品日益增长的需求。

（2）索尼

索尼是一家日本电子公司，在产品开发过程中采用了前瞻性设计思维。索尼的方法是预测潜在趋势和消费者需求，并创造满足这些需求的产品。例如，索尼预测了对智能家居日益增长的需求，并设计制造了一系列满足消费者对家庭自动化需求的智能家居设备。索尼的智能家居设备具有创新性和适应性，它颠覆了传统的家庭自动化行业。索尼对前瞻性设计思维的使用使该公司能够领先于竞争对手，并保持其作为电子行业领导者的地位。索尼的智能家居设备不仅满足了对家庭自动化日益增长的需求，还为智能家居行业的创新和设计设定了新标准。

前瞻性设计思维是一种解决问题的方式，包括展望未来和预测潜在的挑战和机遇。使用前瞻性设计思维对各个行业都很重要，包括汽车、卫生洁具和电子行业等。在产品开发过程中采用前瞻性设计思维的企业，能够领先于竞争对手，并在各自行业中保持领先地位。

三、设计实例：COS（curing of space）概念设计

1. 设计课题

（1）以探索前瞻性设计思维为主题的快速响应医疗系统产品设计

以探索前瞻性设计思维的快速响应医疗系统产品设计旨在提供高效、灵活和可靠的医疗服务。该课题不特定于某一类产品，旨在满足用户的真实需求。通过深入研究和理解用户需求，结合新技术和趋势，设计师可以创造出具有功能性、实用性和用户友好性的产品，为用户提供更好的体验和解决方案。

（2）调研任务

用户需求与场景分析研究：搜集运动员与医护人员使用场景并分析，如使用习惯、行为习惯等；搜集球场急救情况中产品的状态，如使用方式、频率、效率等；研究分析场景的定义、场景属性、使用路线等。

通过用户需求与场景分析可以帮助设计师了解用户在使用产品时的环境和背景，以便提供更好的用户体验和满足用户特定的需求。

（3）设计任务

多功能性设计：产品应具备多功能性，能够适应不同的医疗场景和需求。例如，整合医疗设备、远程诊断、医疗记录管理等功能，以提供全面的医疗支持。

移动性和便携性设计：以移动性和便携性为主要设计目标，使医疗系统可以随时随地使用。使用轻量化材料、紧凑设计和易于携带的特点，使其可以提供便捷的医疗服务。

用户界面和易用性设计：设计以用户界面友好和易用性为导向，使医护人员能够轻松操作和使用产品。简化操作流程、提供直观的界面和清晰的指示，以提高产品的工作效率和用户体验。

（4）技术参考指标

数据安全和隐私保护：在设计过程中注重数据安全和隐私保护，确保医疗信息的机密性和完整性。采用加密技术、访问权限控制和数据备份等措施，保护医疗数据的安全。

联网和互联互通：产品应具备联网和互联互通的能力，可与其他医疗系统、医疗设备和数据库进行连接，实现数据共享、协同工作和远程协商，提高医疗服务的

协作性和效率。

2.设计过程

（1）设计背景

在足球运动日益火爆的当下，足球联赛得到了快速的发展，但是越来越多的发生在足球场上的伤病逐渐引起了人们的重视。因为救治不及时、不规范的操作导致的对运动员二次伤害的事件也越来越多（图3-50）。

图3-50　学校足球场

（2）人群分析

通过分析，将目标人群定位在职业足球运动员。近年来，职业足球赛事热度不断增加，对足球运动员健康的重视程度不断提高，但职业足球赛场上的医疗车的发展却进展不大。球员们对这样的现状都非常担忧，希望自己的生命健康能得到更好的保护。

（3）现有产品

接驳车：现有的足球联赛的球场医疗车多为租用的附近医院的专业救护车，车身体积、重量较大，对球场草坪伤害较为严重，在保证车内带有基本急救器械的情况下，车辆更加注重伤员运输的速度。还有一种车为专用运输伤员车，该车只有运输功能，不搭载医疗救助设备。

颅骨受伤：纱布、碘伏、颈椎固定器。

颈椎受伤：颈椎固定器。

胸椎、腰椎受伤：胸腰椎固定支具。

一般骨折（四肢）：纱布、碘附、固定夹板、冷冻喷雾、冰块（冰袋）。

膝关节损伤：绷带、冷冻喷雾、冰块（冰袋）。

踝关节受伤：绷带、冷冻喷雾、冰块（冰袋）。

闭合性软组织挫伤：绷带、冷冻喷雾、冰块（冰袋）。

心搏骤停：AED（自动体外除颤仪）。

其他：医用剪刀、止血钳、镊子、医用胶带、医用手套、医用棉球、75%酒精、3%双氧水、医用棉签、网状头套、液体创可贴等。

3.设计展示

通过球场医疗车COS效果图的呈现、球场医疗车COS的整体与内部的细节展示、球场医疗车COS救援流程以及球场医疗车COS灯光说明图，全面展示球场医疗车COS的整体设计及细节，如图3-51～图3-54所示。

图3-51　球场医疗车COS效果图

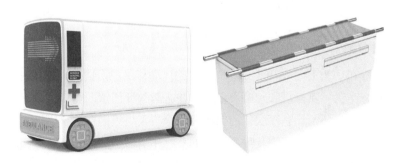

图3-52　球场医疗车COS的整体与内部

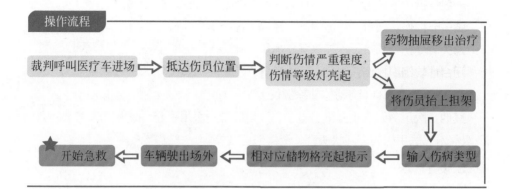

操作流程

裁判呼叫医疗车进场 ⇒ 抵达伤员位置 ⇒ 判断伤情严重程度，伤情等级灯亮起 ⇒ 药物抽屉移出治疗

判断伤情严重程度，伤情等级灯亮起 ⇒ 将伤员抬上担架

将伤员抬上担架 ⇓ 输入伤病类型

★ 开始急救 ⇐ 车辆驶出场外 ⇐ 相对应储物格亮起提示 ⇐ 输入伤病类型

图3-53　球场医疗车COS救援流程

SERIOUS　伤情较重时红色灯光

GENERAL　伤情中等时黄色灯光

SLIGHT　伤情较轻时蓝色灯光

图3-54　球场医疗车COS灯光说明图

4.设计总结

　　球场医疗车COS是一款用于足球联赛中的运动员出现伤情后进行及时治疗的医疗救助工具，车辆可自行行驶到事发地点，并亮起象征伤情严重程度的指示灯告知现场观众。该车内部设计有模块化的储物柜，医护人员只需在屏幕上输入球员受伤类型就会得到具体的救治步骤及需要使用的药物和器械，储存相应药物和器械的储物柜会立刻亮起提示。

第五节　从全球化设计思维到在地化设计思维

从最初概念到最终实现，设计在开发产品、服务或系统方面发挥着关键作用。设计过程是一个复杂且不断迭代的过程，涉及几个阶段，从想法的概念化到其实施。

将设计过程概念化的一种方法是将其分为两个主要层次：全球化设计和在地化设计。全球化设计是指为产品、服务或系统设定方向和愿景的高级战略设计决策。在地化设计涉及更详细的战术决策，重点是产品、服务或系统设计和实施的细节。在本节中，我们将探索全球化设计过程、在地化设计过程，以及两者之间的关系。

一、全球化设计

1.全球化设计的概念

全球化设计是设计过程的第一阶段。它涉及为产品、服务或系统制定广泛的愿景、战略和方向。这个阶段通常是最关键的，因为它为其余的设计过程奠定了基础。

（1）市场导向

全球化设计将市场需求作为设计的核心驱动力。设计师通过深入研究和了解不同市场的需求和偏好，以确保产品在全球范围内具备市场竞争力。设计师应该尊重和理解不同文化的价值观、审美和行为习惯，以创造能够被不同文化所接受和喜爱的产品。

（2）标准和法规遵从

全球化设计需要遵守不同国家和地区的法规、标准和技术规范。设计师应该了解各个市场的要求，确保产品在安全性、质量和合规性等方面符合市场的要求。

（3）品牌统一性和一致性

全球化设计追求品牌的统一性和一致性。设计师应该在全球范围内保持品牌形象和价值观的一致性，使产品在不同市场中保持品牌的识别度和连贯性。

通过全球化设计，企业能够拓展市场、降低成本、提高竞争力，并为全球用户提供符合其需求的产品。这种设计方法要求设计师具备全球视野、跨文化沟通能力和敏锐的市场洞察力，以满足不同国家和地区的多样化需求。

2.全球化设计转向在地化设计的方法

全球化设计和在地化设计是相辅相成的概念，它们之间存在一定的关系。在产品设计过程中，全球化设计强调产品的通用性和适应性，确保产品在不同市场和文化中具备竞争力。而在地化设计则在全球化设计的基础上，根据特定地区的需求和文化背景进行调整和改进，以提供更符合当地用户需求的产品体验。

全球化设计和在地化设计之间的关系可以描述为一个平衡的过程。在产品设计中，全球化设计提供了通用性和整体性的框架，而在地化设计在此基础上进行调整和改进，以满足不同市场和用户的特定需求。这种平衡关系可以帮助企业做到以下方面。

（1）制定全球战略

这通常涉及确定目标受众，分析竞争格局，并考虑可能影响产品设计的更广泛的文化因素和社会趋势。例如，一个全球时尚品牌可能会为反映最新时尚趋势并融入创新设计元素的新服装系列创造愿景。

（2）制定在地化战略

根据当地市场的具体需求和偏好制定在地设计概念。这可能涉及进行市场研究，以更好地了解当地消费者的行为、偏好和趋势。例如，时尚品牌可以为特定地区创建在地化设计概念，其中包含在地设计元素、颜色和图案。

（3）建立在地化设计规范

在地化设计理念建立后，下一步是创建可用于指导最终产品开发的详细设计规范。这可能涉及与当地设计师和制造商合作，以确保产品以最高的质量和工艺标准生产。例如，时尚品牌可以与当地纺织品制造商合作，以确保产品中使用的材料具有最高质量，并符合品牌的可持续性标准。

（4）测试产品

其目标是确保产品满足当地市场的需求和偏好。这可能涉及进行焦点小组和调查，以收集当地消费者的反馈，以及在现实环境中测试产品，以确定可能需要解决的任何问题。例如，时尚品牌可能会在特定地区测试新的服装系列，以收集有关产品设计、合身度和功能的反馈。

在当今全球化的世界中，设计产品的过程经历了重大转变。随着现代通信技术、互联网和社交媒体平台的出现，现在比以往任何时候都更容易与来自不同国家和地区的人联系。这引发了全球设计文化的创造，设计师受到来自世界各地的想法、材料和趋势的影响。然而，尽管全球化设计可以令人兴奋和鼓舞人心，但认识到在地化设计的重要性也同样重要。在地化设计是指根据当地的特定需求、偏好和文化定制产品的设计过程。在地化设计考虑了产品创建的文化、社会和经济背景。它还考虑了当地可用的资源、材料和生产方法。在本节中，我们将利用棒球制服刺绣的例子，探索从全球化设计到在地化设计的过程，讨论这个过程如何包裹在全球化的产品中，以及在地化的产品如何成为当地文化遗产和创新的产物。

二、在地化设计的表现

1.在地化设计的特点

在地化设计又称本土化设计，是将设计的过程和成果与当地文化、环境、社会和经济等因素相结合，使设计更加符合当地特点和需求。在地化设计强调将设计过程中的元素、材料和技术等因素与当地的文化、环境和社会特点相结合，以满足当地的需求和特点，从而使设计更具有本土特色和可持续性。

在地化设计是在全球化背景下，对设计师在设计中所应承担的社会责任、文化传承和环境保护等责任的一种回应。在地化设计不是简单地将外来设计带到当地，而是要将当地的文化、环境和社会等因素考虑进去，使设计更符合当地需求和特点。

（1）本土特色

在地化设计将本土的文化、环境和社会等因素融入设计中，使设计更具有本土特色，更能反映当地的风土人情和文化特色。

（2）可持续性

在地化设计注重资源的合理利用和环境的保护，设计过程中考虑到当地的社会经济和环境状况，使设计更具有可持续性，符合当地的发展需要。

（3）社会责任

在地化设计关注当地社会的发展和民生福祉，注重社会责任，使设计更加贴近人民的生活，为社会做出更多的贡献。

（4）创新性

在地化设计要求在融合本土文化和外来元素的过程中，具有创新性和时代感，使设计更具有时代特色和文化内涵。

2.运用在地化设计的方式

在地化设计需要设计师深入了解当地的历史、文化、风俗、习惯和价值观念等，从而能够将本土文化融入设计中。

（1）关注环境和可持续性

在地化设计需要考虑到当地的环境和社会经济状况，注重资源的合理利用和环境的保护，以实现可持续发展的目标。

（2）合理运用本地材料和工艺

在地化设计需要合理运用当地的材料和工艺，降低设计成本，同时也可以促进当地工艺的传承和发展。

（3）考虑当地市场需求

在地化设计需要考虑当地市场的需求和特点，使设计的产品能更好地适应当地市场，增强市场竞争力。

（4）融入当地社会

在地化设计需要融入当地社会，设计师要了解当地社会的习俗、文化和生活方式，将设计贴近人民的生活和需求。

3.在地化设计的目标

在地化设计是一种以当地文化、环境和社会为基础，结合当地实际情况和需求，借助设计手段来创造符合当地特点和人民需求的产品和服务的设计方法。在地化设计具有重要的意义和价值，它不仅能够保护和传承当地的文化遗产，也能够促进当地的经济和社会发展。如何开展在地化设计，成了当前设计行业所面临的一个重要问题。

（1）深入了解当地文化和社会环境

在地化设计需要深入了解当地的文化和社会环境，包括当地的历史、民俗、信仰、地理环境、气候等方面的情况。只有深入了解当地的文化和社会环境，才能够更好地理解当地人的需求和心理，从而设计出符合当地需求和心理的产品。比如，中国的陶瓷文化源远流长，传统的景德镇陶瓷制品已经成为中国文化的代表之一。在地化设计需要结合当地的陶瓷文化和传统技艺，设计出符合当地特点和人民需求的陶瓷制品。例如，一些景德镇的设计师将当地的传统陶瓷工艺和现代设计手段相结合，推出了一系列融合现代元素和传统元素的陶瓷制品，受到了消费者的好评和认可。

（2）融合本土元素和现代设计手段

在地化设计需要融合本土元素和现代设计手段，即在保留当地文化和传统元素的基础上，借助现代化的设计手段，打造具有当代感和时尚感的产品。比如，在地化设计的家居产品需要保留传统的民间元素，同时结合现代化的设计手段，创造出具有时尚感和现代感的家居产品。

（3）促进当地产业和社会的发展

在地化设计需要促进当地产业和社会的发展，即设计出符合当地需求和实际情况的产品，以推动当地产业和社会的发展，提高当地居民的生活水平和幸福感。比如，在地化设计的农业产品需要结合当地的农业生产情况和市场需求，创造出符合当地实际情况和消费者需求的农业产品，以促进当地农业产业的发展。

（4）重视文化资源和历史传统

在地化设计需要以充足的文化资源和历史传统作为基础，这些文化资源和历史传统可以是建筑、艺术、习俗、传说等方面的元素。设计师需要对这些文化资源和历史传统进行深入研究和了解，挖掘其中的价值和特色，以便将其融入设计中。

（5）符合市场需求和城市规划

在地化设计需要考虑市场需求和城市规划，设计师需要了解市场需求和城市规划的要求和标准，将当地的文化和历史传统与市场需求和城市规划相结合，打造出符合当地需求和市场标准的产品。

（6）培育当地文化和历史传统

在地化设计需要充分挖掘当地文化和历史传统，设计师可以通过组织文化活动、举办文化展览等方式来彰显当地的文化和历史传统，从而为设计提供更多的文化和历史资源。

（7）重视公众参与和社会反响

在地化设计需要充分考虑公众参与和社会反响，设计师可以通过听取公众的意见和建议，将公众的需求和反馈融入设计中去，从而得到公众和社会的认可和支持。

在地化设计是一种充分考虑当地文化和历史传统的设计方式，它能够将当地的文化和历史资源与现代化的设计理念和技术相结合，打造出充满当地特色和文化内涵的产品。在地化设计能够为当地的经济和文化发展做出贡献，同时也能够促进当地文化和历史的传承。

在地化设计的开展需要充足的文化资源和历史传统作为基础，同时需要适合的设计理念和技术作为支撑，充分考虑市场需求和城市规划，重视公众参与和社会反响，从而打造出符合当地需求和市场标准的产品。在地化设计可以通过彰显当地文化和历史传统、鼓励创新和创意、加强市场研究和城市规划、重视公众参与和社会反响等方面来推进。在地化设计是一个长期而复杂的过程，需要设计师、市政部门、文化机构、社会组织和公众等多方面的参与和合作，共同推动当地文化和经济的发展。

三、产品设计在地化案例

1.以棒球制服为例

（1）在棒球制服上刺绣

棒球是一项有着丰富历史和文化传统的运动，特别是在美国。棒球制服是这种运动不可分割的一部分，并随着时间的推移而演变，以反映体育和整个社会的变化。棒球制服使用刺绣来装饰，包括球衣和帽子。棒球制服上的刺绣包含多种元素，包括球队徽标、球员姓名和号码。棒球制服上的刺绣是包裹在全球化设计中的一个很好的例子。刺绣中使用的技术和材料已经发展了几个世纪，并因贸易和文化交流而传播到世界各地。当今，刺绣在不同的国家和文化中都有其独特的风格和技术。

（2）棒球制服刺绣的全球化设计

在棒球制服上使用的刺绣中可以看到全球化设计的影响。例如，许多棒球队在球衣上绣上国际符号或语言。例如，休斯敦太空人队在其球衣上绣上了汉字，以向球队庞大的中国粉丝群示意。以这种方式使用刺绣反映了全球化设计趋势的影响以及与不同社区建立联系的愿望。全球化设计对棒球制服刺绣影响的另一个例子是使用技术来创造复杂的设计。随着计算机辅助刺绣机的出现，现在可以以比以往更高的精度和速度创建复杂的设计。这项技术使球队能够为其球衣和帽子创造独特的设计，这些设计可以准确有效地复制。

（3）棒球制服刺绣的在地化

尽管受到全球化设计趋势的影响，但棒球制服上的刺绣也是当地的文化遗产和创新的产物。在地化设计考虑到了当地的独特文化、社会和经济背景，这在棒球制服刺绣上尤为明显。棒球制服刺绣的在地化设计的一个例子是使用当地材料和生产方法。许多棒球队使用刺绣将当地的特色元素融入其球衣和帽子中。例如，旧金山巨人队在其球衣和帽子上加入了橙色缝线，表达对该地区生长的果树的喜爱。这种对当地特色元素的使用反映了团队与当地社区的联系以及当地资源在设计过程中的重要性。

棒球制服刺绣在地化设计的另一个例子是使用传统刺绣技术。例如，洛杉矶道奇队将传统的墨西哥刺绣图案融入其球衣和帽子，反映了球队与当地西班牙裔社区的联系。这种传统刺绣技术的使用表明了文化遗产和在设计过程中保护当地传统的重要性。

为了进一步说明棒球制服刺绣从全球化设计到在地化设计的过程，我们将研究两个案例：纽约洋基队和多伦多蓝鸟队的制服。

2.棒球制服的应用案例

（1）纽约洋基队

纽约洋基队是世界上最具标志性的棒球队之一，其历史可以追溯到一个多世纪前。球队的球衣和帽子可以立即识别，上面有球队的"NY"标志。在洋基队的制服上使用刺绣反映了全球化设计影响和在地化设计元素的结合。相互关联的"纽约"标志是全球公认的设计元素的典范，不仅代表了洋基队，也代表了纽约市本身。该徽标的简单和优雅使其成为世界上最具标志性的体育徽标之一。与此同时，洋基队还将在地化设计元素纳入了其制服中。例如，球队的细条纹球衣是对该市金融区的呼应，该金融区以其商务服装而闻名。细条纹的使用反映了团队与当地社区的联系以及当地文化在设计过程中的重要性。

（2）多伦多蓝鸟队

多伦多蓝鸟队是一支相对年轻的球队，成立于1977年。多年来，球队的球衣和帽子经历了几次迭代，反映了球队身份和城市文化景观的变化。在蓝鸟队的制服上使用刺绣反映了全球化设计影响和在地化设计元素的结合。蓝鸟队目前的球衣上有一个风格化的蓝鸟标志，其中包含了加拿大传统的元素。徽标包括枫叶，这是加拿大的代名词，以及团队的蓝色和白色。枫叶的使用反映了团队与当地社区的联系，以及将当地文化纳入设计过程的重要性。与此同时，蓝鸟队也将全球设计影响纳入了他们的制服中。例如，球队的球衣采用一种让人想起日本文字的字体，反映了球队与多伦多日本社区的联系。这种全球化设计元素的使用反映了团队与不同社区建立联系并表达城市多元文化的愿望。

设计方法——从创造事物到寻找关系

第四章

一、工业化带来的环境问题

人类对地球资源的消耗是人类活动的必然结果，这种消耗可以追溯到人类文明的早期。工业革命这个具有里程碑意义的时期，对人类开采和消费自然资源的方式产生了最为重大的影响。在此背景下，我们将探讨三次工业革命期间人类对地球资源的消耗及对环境的影响，同时探讨为减轻资源消耗的负面影响而采取的措施。

人类的生产和消费活动带来了许多不良影响，如大气污染、水污染、土壤破坏和生物种类减少等。这些负面影响，产业过程（包括采矿、生产和工程建设）和日常消费行为是最为常见的制造者。在本节中，我们将着重讨论一些日常消费产品的案例，探讨它们对环境带来的不良影响，以及为减轻这些影响而采取的一系列措施。

1. 一次性塑料制品

一次性塑料制品被认为是当前主要的负面影响之一，指的是设计用于一次性使用，并在使用后丢弃的塑料制品，包括塑料袋、吸管等。这些产品的生产和处置给环境带来了重大的不良影响。制造一次性塑料制品需要大量的化石燃料，从而导致温室气体排放，产生气候变化。此外，这些产品通常最终进入海洋，分解为微小颗粒并被海洋生物吞食，进而对生态造成危害。因此，一些国家和地区已开始实施塑料袋禁令，许多生产企业也开始采用更加可持续的生产方式，例如使用可生物降解的材料和实施回收计划，以减少一次性塑料制品对环境造成的负面影响。

2.快速时尚

快速时尚是指通过快速和低成本生产方式来制造大量的服装，服装生产和处理涉及大量的自然资源消耗，也会带来严重的环境污染和资源浪费问题。

棉花是服装生产的主要材料之一，但棉花种植需要大量水和杀虫剂。此外，将服装从生产地运输到消费场所造成的温室气体排放也不容忽视。快速时尚的商业模式鼓励消费者以低价购买，这使得大量服装最终被丢弃，导致废物和污染的增加。因此，推行可持续时尚实践，对于减少对环境的负面影响尤其重要。

在可持续时尚实践方面，一些企业开始采用更环保的材料，例如可生物降解材料。

对于消费者而言，也可以采取一些措施来降低快速时尚对环境的影响。这包括购买更少的服装，选择更耐用和高质量的服装，以及负责任地处置服装，例如卖废品或捐赠给慈善机构。此外，当购买服装时，应关注环保标签和认证，以确保所购买的服装符合环保标准。

3.电子设备

电子设备的生产和处置是另一个对环境有重大影响的负面案例。电子产品生产需要大量的自然资源，而制造过程中会产生较大的能源消耗和废气排放。同时，电子设备面临着短寿命和高淘汰率的问题，加剧了环境的负面影响。

电子设备的回收和处理同样构成了重大环境威胁，因为电子设备含有有害物质，如果处理不当，这些物质有可能污染环境，对地球生态系统产生严重影响。另一方面，大量的电子垃圾也占用了有限的土地，浪费了空间。

为了减少电子设备对环境的负面影响，有关组织积极实施电子废物回收计划并推动可持续的制造模式。包括：在电子设备的生产和后期循环利用过程中，采用更环保的材料和技术，以减少对环境的影响；大规模回收旧电子设备，进行废旧电子设备的再加工、再利用和再循环。消费者也可以采取措施，适当维护设备，延长其使用寿命。

为了更好地解决电子设备对环境的负面影响的问题，各方需要进行合作。制造商应遵循可持续发展理念，采用最先进的技术和材料，以减少对自然资源的消耗和对环境的影响。政府应立法规范电子废物的回收和处理。消费者也需要加入这条可持续发展的生态链中，对电子设备进行更加负责任的使用和处理，使电子设备成为环保和可持续的产品。

4.食品浪费

食品浪费是一个重大的负面影响问题。食品浪费是指浪费仍然可以食用的食品，发生在食品生产和消费过程中的任何阶段。农业生产需要大量的自然资源，如土地、水和能源，而食品浪费助长了温室气体排放和其他环境问题。为减少食品浪费的影响，许多国家和地区实施了减少食品浪费计划，并促进食品的堆肥和回收。消费者也可以通过膳食计划、适当的食品储存来减少自己的食品浪费。

AI技术在医疗、金融、智能家居等领域的应用为人类的生活带来了巨大的便利和效率。然而，这些领域的快速发展也带来了许多环境问题。可持续发展需要我们采取跨领域的、综合性的和系统性的方法来解决这些环境问题。

在可持续发展中，政府、企业和个人都需要承担责任，共同努力以减轻工业的负面影响，并促进其良性循环。政府应颁布环境保护政策，并制定法规以限制不负责任的生产和消费行为。企业需要认真考虑自己的生产、供应链和运营方式，并采取可持续的方法。消费者可以通过选择环保产品、回收电子设备、减少食品浪费和选择公共交通工具等方式，推动可持续发展。最后，教育和意识培养对于促进可持续发展也非常重要。

二、解决方案的提出

解决工业的负面影响并确保地球的可持续的未来，需要对我们的生产和消费方式进行重大的和系统性的改变。这需要技术创新、政策变化以及个人和组织的行动的结合。

1.循环经济

循环经济旨在消除浪费并尽可能长时间地使用资源。为了实现循环经济，可持续制造实践应该被应用，设计长生命周期和可回收性产品的概念应该被汲取，同时还需要实施报废产品的回收计划。这些举措有助于延长资源使用的时间，减少浪费，降低对环境的不良影响。除此之外，教育和意识的重要性也要关注。在个人实践方面，我们应分享和推广可持续发展的方法。

2.清洁能源

太阳能和风能等可再生能源的使用可以减少温室气体排放并减轻气候变化的影响。然而，从化石能源向可再生能源的转变需要对可再生能源基础设施进行大量投资，并且需要配套政策激励。具体而言，这可能需要政府和企业的合作，建设电站和电网，并制定政策以鼓励更多的人使用可再生能源，从而逐步淘汰化石能源。这不仅可以创造新的就业机会，也可以为环境带来积极的影响。同时，要强调教育和意识的重要性，以便更多的人了解并参与推动从化石能源向可再生能源的转变。

3.积极倡导

由工业带来的负面影响，可以采取个人、企业和政府三方面的集体努力来解决。这种努力需要重视教育，提高人们对人类活动对环境影响的认识，并推动政策变化。

（1）个人

从个人的角度来看，可以通过宣传环保意识、推广可持续发展理念以及培养创新思维等方式，增强人们的环保意识和责任心。

（2）政府

政府应采取切实可行的行动，例如制定相关政策、鼓励企业发展环保产业以及投资研究和开发环保技术等。

（3）企业

企业也有着重要的作用，可以通过使用环保材料和可持续制造实践、设计长生命周期和可回收产品等方式，减少对环境的不良影响。最终的目标是实现环保与经济发展的良性循环，促进可持续发展。

第二节　工业与自然的关系

一、工业设计的做法

在工业设计行业的发展历程中，三次工业革命都带来了新的材料、技术和设计实践，使得越来越复杂的产品得以设计和生产。然而，这种进步同时也带来了巨大的环境压力，导致了一系列的环境问题，如资源浪费、污染物排放、废弃物堆积等，严重影响了生态系统和人类的健康。

1.第一次工业革命

在第一次工业革命时期，工业的核心在于大规模生产纺织品、钢铁等基本产品。水力和蒸汽动力的广泛使用，使制造过程机械化，并允许更大规模地生产产品。在这个时期，工业设计行业对生产力的激增做出了巨大的贡献。然而，机械化也带来了重大的环境影响，使环境问题大规模出现。

（1）过度排放

很多工厂和矿山在生产过程中排放出大量的空气和水体污染物，导致了环境质量的显著下降，对生态的破坏也随之而来。

（2）过度开采

过度开采主要是煤炭的过度开采。煤炭开采和燃烧产生大量温室气体和其他污染物的排放，对大气环境造成重大的污染，引发气候变化。同时，当时的工业设计行业很少考虑减少浪费或可持续设计，产品通常被设计成一次性使用，并在短期使用后丢弃。

2.第二次工业革命

第二次工业革命时期主要采用电力和内燃机，这使得能够生产更复杂的产品，包括汽车、电器和其他消费品。工业设计行业在这些产品的开发中发挥了核心作用，设计师和工程师致力于优化产品的形式和功能。然而，在这个时代，生产和消费的增加导致了严重的环境影响，包括工厂和运输造成的空气和水体污染、栖息地的破坏以及自然资源的枯竭。这个时代的工业设计行业也很少考虑减少浪费和可持续设计，产品通常为一次性设计，并在短期使用后丢弃。

（1）汽车行业

第二次工业革命期间工业设计行业造成的环境破坏的一个具体例子是汽车的生产和处置。汽车生产需要大量的能源和资源，包括钢铁、橡胶和石油。汽车的广泛使用也带来了高速公路和其他基础设施的建设，导致栖息地的破坏和自然景观的碎片化。

（2）有害金属

此外，汽车的生命周期结束时的处置导致了严重的环境问题，包括铅、汞和镉等危险物质释放到环境中。轮胎、电池和其他部件的处置也形成了废物和污染，其中许多材料最终被填埋或非法倾倒在环境中。

3.第三次工业革命

第三次工业革命的特点之一在于广泛采用信息技术、可再生能源和可持续设计实践。在这一时期的发展中，工业设计行业发挥了核心作用，设计师和工程师致力于优化产品，实现可持续性和减少浪费。设计师和工程师考虑并应用了新技术和新材料，包括利用可再生能源和环保材料，实现了产品的经济效益和环保的平衡。此外，设计师和工程师还致力于将可持续性融入产品的整个设计过程中，并关注产品的生命周期管理。这些努力和实践不仅在设计行业中得到了广泛认同，而且为推进全球可持续发展做出了积极贡献。但是，仍存在一些对环境的负面影响，例如：

（1）废弃电池

废弃电池处理已成为近年来一个极为严重的环境问题。全球每年产生数千万吨的电子垃圾，这些电子垃圾含有铅、汞、镉等有害物质，这些物质会由于废弃电池长时间的作用而被释放到环境中，对人类健康和生态系统造成了极大的危害。特别是当电池被随意丢弃或散落在自然环境中时，这些有害物质非常容易释放到周围环境中导致环境的严重污染。

（2）塑料处理

环境破坏的另一个例子是第三次工业革命期间工业设计行业中的塑料的生产和处置。塑料在现代产品中无处不在，从食品包装到医疗设备。然而，塑料的生产需要大量的化石原料，导致温室气体排放和其他环境影响。塑料很难生物降解，可以在环境中存在数百年，导致白色污染和栖息地破坏。塑料的处理是一个重大问题，许多产品最终被投入垃圾填埋场或海洋，它们可能会伤害野生动物，也可能进入人类食物链。

二、应对手段

1.设计师的思考

近年来，随着人们越来越意识到减少碳排放和应对气候变化的必要性，设计向节能方向转变变得越来越重要。这引发对考虑能源效率的产品和系统以及鼓励开发这些产品的政策和法规的需求日益增长。

目前，工业设计行业正积极通过可持续设计实践来应对这些挑战，这些实践优先考虑减少废物、增加可回收性和使用可再生材料。设计师和工程师正在努力开发满足耐用性和可回收的产品，这些产品可以在生命周期结束时拆卸和回收。

（1）模块化开发

开发模块化和可升级的电子产品。设计师们没有设计难以或无法修复的产品，而是致力于开发易拆卸和维修的产品，从而减少更换需求并延长产品的生命周期。

（2）生物塑料

这些塑料来自玉米、甘蔗和马铃薯淀粉等可再生材料。生物塑料可以堆肥或回收，以减少生产和处置对环境的影响。

（3）清洁能源

太阳能和风能等可再生能源的使用在工业设计行业变得越来越普遍。太阳能电池板和风力发电机等可再生能源技术的使用需要大量的资源和资金，但一旦安装，这些技术就会产生无排放能源，可以减少对环境的影响。

（4）回收利用

工业设计行业也在进行可持续设计实践，优先考虑减少废物、提高可回收性以及使用可再生材料和能源。通过优先考虑可持续性和负责任的生产，工业设计行业可以帮助减轻工业化对环境的影响，并为更可持续的未来做出贡献。

2.设计师的做法

从消耗品设计转向节能设计的过程可以分为几个关键步骤，包括研究、分析、计划、实施和评估。这些步骤中的每一个对于确保设计过程有效并生产真正节能的产品和系统非常重要。

（1）研究

设计师必须首先收集有关正在设计的产品或系统的信息，包括用途、功能以及使用方法。他们还必须研究有关当前设计的产品的能源消耗模式和趋势，以及现有设计对环境的影响。

（2）分析

设计师收集完信息，必须对其进行分析。这涉及确定可以节省能源的领域，以及能源效率和其他设计考虑因素（如成本、功能和用户体验）之间的任何潜在权衡。设计师还可以使用生命周期评估（LCA）等工具来评估不同设计对环境的影响。

（3）计划

分析数据后，设计师必须制定节能设计计划。该计划应包括具体的设计目标，例如将能源消耗减少一定百分比或使用可再生能源；应该概述设计过程，包括用于实现节能目标的具体设计策略。

（4）实施

一旦计划到位，设计师就可以开始实施节能设计。这可能涉及使用新材料或新技术，重新设计现有组件，或更改制造过程。设计师还必须确保新设计符合所有相关的安全和监管要求。

（5）评估

过程的最后一步是评估。新设计实施后，设计师必须从能源效率和其他设计考虑因素方面评估设计的有效性。这可能涉及在现实世界中测试产品或系统，收集用户的反馈，并随着时间的推移监测其对环境的影响。

在从消耗品设计转向节能设计的整个过程中，设计师还必须考虑消费者的需求和偏好。如果节能设计对用户不友好，或者不能满足消费者的需求，设计可能不会有效。因此，设计师必须努力创造既节能又用户友好的设计，同时要满足其他重要的设计考虑因素，如成本和功能。

3.环保材料

几个世纪以来，人类一直在开采地球的自然资源，随着全球人口的持续增长，对这些资源的需求正在以惊人的速度增长。这导致了这样一种情况，即我们的许多自然资源的枯竭速度超过了可以补充的速度，我们正面临着一个这样的未来：不得不面对食物、水和能源等基本必需品严重短缺的情况。然而，新的材料和加工技术已经出现，产生了不少减少资源消耗的方法，同时仍然可以满足不断增长的全球人口的需求。

减少资源消耗的关键方法之一是开发更可持续、更环保的新材料。这包括由可再生资源制成的材料，如由玉米或甘蔗制成的生物塑料，或可以回收或再利用的材料，如钢或铝。新材料也可以设计得更耐用，减少对更换的需求并减少浪费。

（1）新型建筑材料

研究人员正在开发可用于取代混凝土等传统建筑材料的新材料，混凝土是碳排放的主要因素之一。这些新材料包括大麻混凝土（一种轻质、坚固耐用的大麻和石灰的混合物）以及菌丝体材料（一种坚固、轻质和可生物降解的蘑菇基材料）。这些新材料不仅减少了传统建筑材料的能源消耗，还更可持续和更环保。

（2）新型采集方式

减少资源消耗的另一种方法是开发新的加工技术，从现有资源中提取更多价值并减少浪费。这包括可以更有效地从矿石中提取材料的技术，例如堆浸技术，它使用溶液从矿石堆中提取金属。

新的材料和加工技术提供了减少资源消耗的方法，以满足不断增长的全球人口的需求。通过开发更可持续和环保的材料，改进加工技术以从现有资源中提取更多价值，提高能源效率和减少浪费，我们可以创造一个更可持续的未来。要注意的是，采用新的材料和技术将需要我们当前的系统和实践发生重大转变。这需要对研发进行投资，以及制定政策以激励采用可持续材料和技术。随着资源消耗减少的潜在好处和为了更可持续的未来，这是值得的转变。

4.巧妙的工艺

保护地球资源是一项持续且至关重要的任务，需要创造性的解决方案。地球的资源对所有生物的生存至关重要。在这里，我们将探索一些为保护地球资源而开发的巧妙过程。

（1）可再生能源技术

使用可再生能源是为保护地球资源而开发的最巧妙的过程之一。可再生能源是那些可以自然补充且几乎取之不尽的能源。可再生能源的例子包括太阳能、风能、地热、水电和生物质能等。这些可再生能源是可持续的，不会向环境释放有害物质，其成为保护地球资源的完美解决方案。

（2）回收技术

回收是另一个为保护地球资源而开发的巧妙过程。回收涉及将废料转化为新产品，从而减少了对原材料的需求。回收不仅可以节约资源，还可以减少污染和能源消耗。常见的回收材料包括塑料、纸张、玻璃和金属。回收是迈向循环经济的重要一步，循环经济是一个再生系统，旨在尽可能长时间地使用地球资源。在循环经济中，废物被最小化，废料被重复使用或回收，减少了对原材料的需求，并减少了对环境的影响。

（3）可持续农业技术

可持续农业是一个巧妙的过程，旨在在生产粮食的同时保护地球资源。可持续农业涉及环保、对社会负责和经济上可行的农业实践。可持续农业旨在减少化肥和杀虫剂的使用，节约用水，减少温室气体排放。可持续农业还寻求促进生物多样性和生态系统健康，这是通过农林业系统、保护性农业和综合虫害管理来实现的。可持续农业不仅能确保粮食高效生产，而且可以保障环境的可持续性。

（4）低碳技术

碳捕获和储存（CCS）是一个巧妙的过程，旨在减少温室气体排放和保护地球资源。碳捕获涉及捕获工业过程、发电和其他来源的二氧化碳，然后将其存储在地下地质构造中。碳捕获是减少化石燃料温室气体排放的重要技术，化石燃料仍然是许多行业的主要能源。碳捕获确保二氧化碳不会释放到大气中，从而减少排碳行业对环境的影响。

5.清洁能源

清洁能源包括风电、太阳能、地热能、水电和生物质能等可再生能源和核能等。电能和热能的生产占全球温室气体排放量的40%以上，煤炭、石油和天然气等化石燃料是全球电力的主要来源。煤炭和石油转化为电能时，它们会向大气中释放大量二氧化碳和其他污染物，导致气候变化和大气污染。使用清洁能源几乎不会排放污染物，这有助于减少污染气体排放、改善空气和水质以及减少对化石燃料等有限和不可再生能源的依赖。

此外，开发清洁能源可以帮助减少发展中国家的能源贫困。世界许多地区缺乏可靠的电力，这严重限制了经济发展。清洁能源技术，如离网太阳能系统，可以为目前缺乏能源的人提供负担起的可持续电力。清洁能源也可以用于为运输提供动力。电动汽车（EV）使用清洁能源为其电动机提供动力，使其成为传统燃油动力汽车的替代品。电动汽车正变得越来越实惠和容易获得，它们的广泛采用可以显著减少运输部门的碳足迹。

（1）风电

风电是使用最广泛的清洁能源之一。风电是清洁的、可再生的，不会产生排放，这使其成为化石燃料的有吸引力的替代品。风力发电机可以安装在陆地或海洋上，可以为家庭、企业甚至整个城市提供电力。使用风能有助于减少电力生产的碳排放，并减少对不可再生资源的依赖。

（2）太阳能

太阳能是另一种流行的清洁能源。太阳能丰富且分布广泛，这使其成为便捷的可持续利用的能源。太阳能电池板将阳光转化为电能，可以安装在屋顶、开放空间，甚至可以安装在没有电网的偏远地区。

（3）地热能

地热能是一种利用地球内部热量发电的清洁能源。地热能发电厂利用地球内部的热量产生蒸汽，蒸汽用于为发电的蒸汽涡轮机提供动力。地热能是清洁的、可再生的和高度可持续的能源。地热能的使用有助于减少电力生产的碳排放，并减少对不可再生资源的依赖。

我们可以在地下温度高于环境温度的地区使用热泵和其他技术来利用地热能。地热能不会产生二氧化碳等温室气体和污染物，因此对环境的影响更小。与其他可再生能源如风能和太阳能相比，地热能具有更高的稳定性和可预测性。利用地热能可以避免传输和储存能源时的能源浪费。地热能可以在使用能源的地方直接利用，减少输送能源所需的资源和费用。

（4）水电

水电是一种利用水力发电得到的清洁能源。水力发电厂利用水坝、涡轮机和其他结构来捕获水的能量，并将其转化为电能。水电是清洁的、可再生的和高度可持续的能源，不产生排放。使用水电有助于减少电力生产的碳排放，并减少对不可再生资源的依赖。

（5）生物质能

生物质能是一种清洁能源，是使用动植物废物等有机质生成沼气来发电。生物质发电厂燃烧沼气加热水来产生蒸汽，蒸汽用于为发电机提供动力。生物质能是清洁的、可再生的和高度可持续的。它不产生排放，可用于为家庭、企业和整个社区供电。使用生物质能有助于减少电力生产的碳排放，并减少对不可再生资源的依赖。

使用清洁能源对保护地球资源至关重要。通过减少污染物排放可以改善空气质量；大部分清洁能源还有助于减轻对气候的影响。此外，使用清洁能源可减少对煤炭、石油等有限和不可再生资源的依赖。使用清洁能源不仅对环境负责，而且在经济上可行，对社会也有好处。它不仅保护了地球的资源，还具有许多其他好处。风电、太阳能、地热能、水电和生物质能源等清洁能源正变得越来越具有成本效益和效率，成为传统化石燃料的可行替代品。向清洁能源的过渡也为可再生能源产业创造了新的就业机会，推动了经济增长，并通过减少污染物排放改善空气质量和水质来改善公共卫生条件。

三、设计实例：厨余垃圾绿色循环终端E-HOMCYCLE

1. 设计课题

（1）以探索工业与自然关系为主题的倡导绿色厨房新生活的产品设计

本课题通过设计符合用户真实需求的产品，将工业与自然融合在一起，旨在减少工业对自然环境的负面影响，采用清洁能源和回收利用等方式，推动可持续发展和绿色生活。任务包括选择环保材料、节能设计、废物管理与回收利用、水资源管理、自然光与绿植设计、健康环境保护以及用户教育与参与等方面，以创造可持续的、环保的和健康的厨房生活方式。

（2）调研任务

用户需求与场景分析研究：搜集用户当下的生活方式，如生活习惯、行为习惯等；搜集厨房环境中产品的状态，比如使用的方式、频率、偏好等；研究分析场景的定义、场景属性、空间布局、色彩搭配等。

用户需求与场景分析可以帮助设计师了解用户在使用产品时的环境和背景，以提供更好的用户体验和满足用户特定的需求。

（3）设计任务

定义研究目标：明确调研的目的和要解决的问题。例如，了解用户对绿色厨房产品的需求和偏好，探索他们对环保和可持续发展的意识和态度等。

确定研究方法：选择适合的研究方法，例如问卷调查、深度访谈、焦点小组等。可以根据需要组合使用多种方法，以获得全面的信息。

（4）技术参考指标

生物塑料：生物塑料可以由可再生资源如植物、淀粉等制成，其降解过程对环境影响较小，从而减少了普通塑料垃圾的积累和对生态系统的破坏。

清洁能源：采用清洁能源不仅可以减少对环境的负面影响，还能为用户提供更加可持续和环保的产品。

回收利用：通过回收利用的设计，可以减少资源消耗、减少废物的产生，并促进循环经济的实践和发展。

2. 设计过程

（1）设计背景

中国城市生活垃圾产生量每年都在不断增长，垃圾的清运过程复杂，填埋、焚烧的处理方式也造成环境污染。如果能对城市生活垃圾从源头进行处理或直接回收利用，将减少垃圾产生量，缓解环境破坏的压力。根据中华人民共和国住房和城乡建设部和国家统计局的数据整理得出，2003—2019年中国城市生活垃圾产生量一直呈上升趋势（图4-1）。

本产品是为了解决厨余垃圾收集—产生—丢弃—回收中的一系列问题而做的一个新的系统化设计。其可以使厨余垃圾在家庭直接进行回收再利用的绿色循环，对资源的循环利用和生态环境的保护有着很大的帮助。

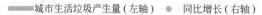

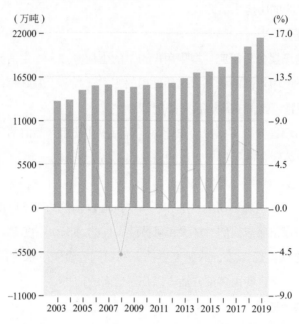

图4-1 2003—2019年全国城市生活垃圾产生量

在调研中发现，城市生活垃圾由多种成分组成，厨余垃圾、废纸、塑料的含量比较多，其中厨余垃圾最多，说明厨余垃圾的处理在生活垃圾处理中是一个大问题（图4-2）。

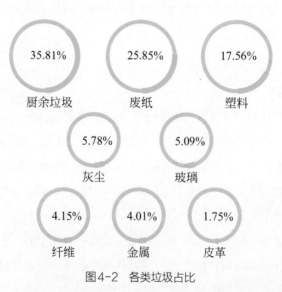

图4-2 各类垃圾占比

（2）头脑风暴

家庭生活垃圾头脑风暴示例图如图4-3所示。

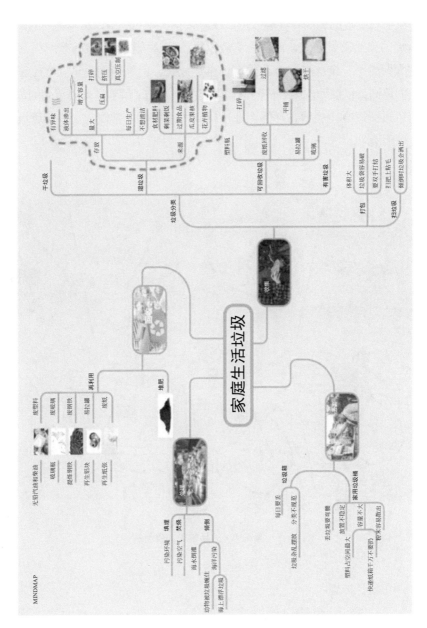

图4-3　家庭生活垃圾头脑风暴示例图

（3）人群定位

对目标市场的定位：首先进行人群分析，将目标人群定位在环保人士和日常生活中生活垃圾中厨余垃圾占比较高的人群。近年来，随着人们环保意识的增强和对环境质量要求的提高，环境保护已成为席卷全球的热潮，越来越多的国家正在抛弃传统的工业发展模式，而代之实施以经济与环境相协调的可持续发展战略。在这种大背景下，全球环保产业的市场迅速成长，世界各国也迅速掀起了"绿色革命"的浪潮，以推动本国经济的可持续发展。人们了解到了环境恶化的危害，同时政府也进行了宣传教育，环保产业所构成的市场将非常庞大。人与垃圾的关系如图4-4所示。

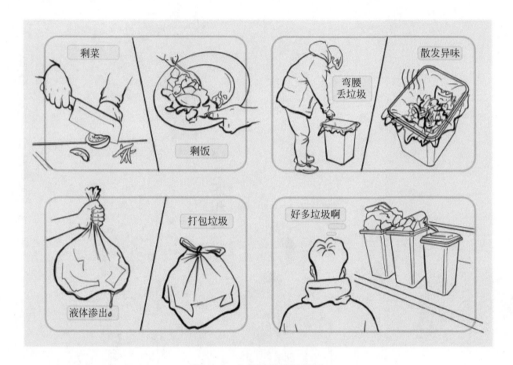

图4-4　人与垃圾情景示例

（4）设计构想

垃圾处理构想图如图4-5所示。

（5）草图方案

厨余垃圾绿色循环终端设计草图如图4-6所示。

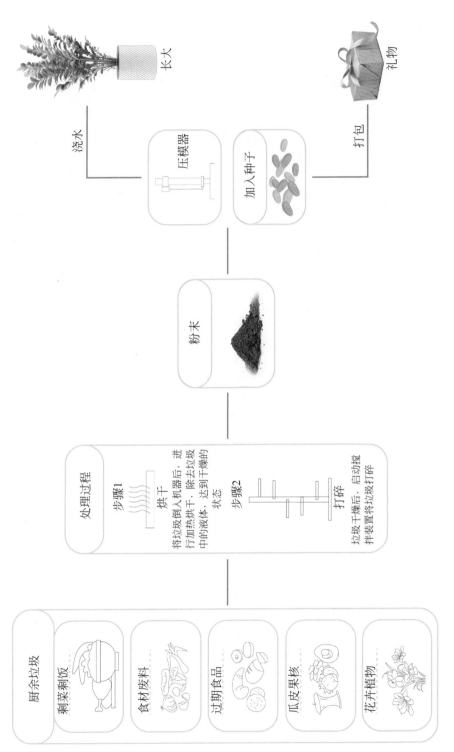

厨余垃圾

剩菜剩饭

食材废料

过期食品

瓜皮果核

花卉植物

处理过程

步骤1
烘干

将垃圾倒入机器后，进行加热烘干，除去垃圾中的液体，达到干爆的状态

步骤2
打碎

垃圾干爆后，启动搅拌装置将垃圾打碎

粉末

压模器

加入种子

浇水

长大

打包

礼物

图4-5　垃圾处理构想图

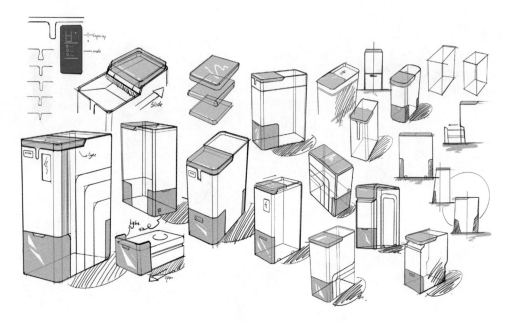

图4-6　厨余垃圾绿色循环终端设计草图

厨余垃圾绿色循环终端内部结构草图如图4-7所示。

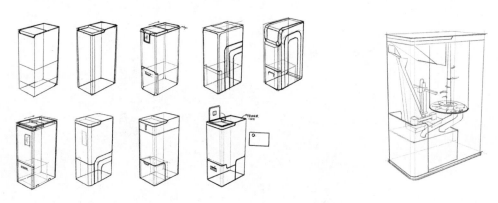

图4-7　厨余垃圾绿色循环终端内部结构草图

3. 产品展示

厨余垃圾绿色循环终端设计节点如图4-8所示。

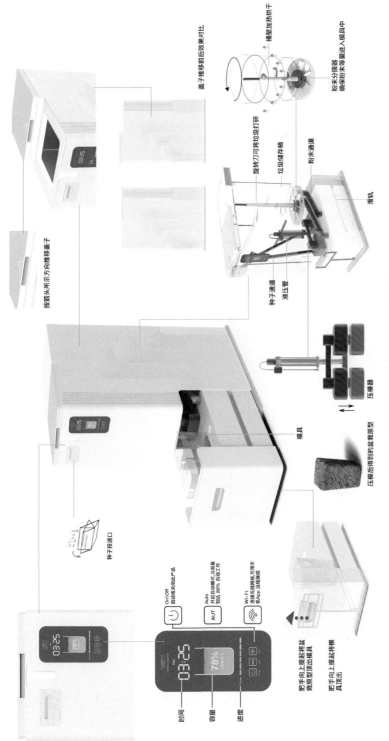

图4-8 厨余垃圾绿色循环终端设计节点

盖子推移前后效果对比

桶壁加热烘干

粉末分拨器
确保粉末等量进入模具中

旋转刀可将垃圾打碎

垃圾储存桶

粉末通道

种子通道

液压管

滑轨

压模器

按箭头所示方向推移盖子

种子投递口

模具

压模后得到的盆栽原型

把手向上提起将盆
栽原型顶出模具

把手向上提起将模
具顶出

时间

容量

进度

On/Off
启动现实使用此产品

Auto
开启自动触式,当容器
到达 80% 自动工作

Wi-Fi
连接无线网络,可用手
机App远程操控

厨余垃圾绿色循环终端效果图如图4-9所示。

图4-9　厨余垃圾绿色循环终端效果图

4.产品使用流程

步骤一

触碰屏幕开关键启动设备，第一次使用时需和手机连接同一个Wi-Fi，通过手机App绑定设备（图4-10）。

On/Off

图4-10　步骤一

步骤二

按标识方向推移盖子，打开后投入湿垃圾（图4-11），在种子投递口放入种子。

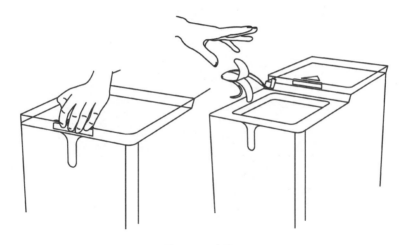

图4-11　步骤二

步骤三

设备开始工作后，盒盖将锁定，逐渐升温加热并缓慢转动。当桶内垃圾干燥后，加速转动，将垃圾打碎成粉末。粉末经分拨盘进入模具后，液压杆上下压缩模具（图4-12）。

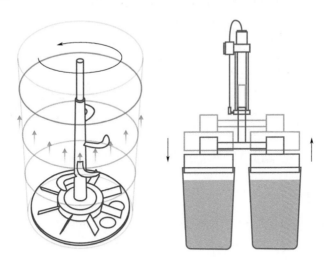

图4-12　步骤三

步骤四

内部运行结束后，打开底部抽屉，向上提把手，顶出盆栽，浇水养成植物或作为礼物（图4-13）。

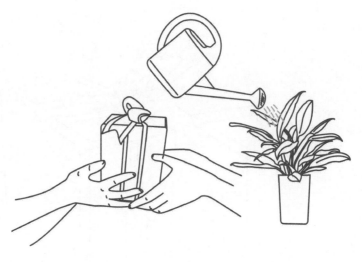

图4-13　步骤四

5. App展示

厨余垃圾绿色循环终端的App效果图如图4-14所示。

图4-14　厨余垃圾绿色循环终端App效果图

6. 设计总结

　　人们对环保问题的认识的不断加深，政府的宣传和教育起到了重要作用。环保产业市场潜力巨大，包括清洁能源、可回收材料、节能设备等领域。各国政府和企业都在积极推动环保技术的研发和应用，以满足市场需求并促进经济的可持续发展。对于企业和设计师来说，抓住环保产业的机遇至关重要。通过创新的产品设计和服务模式，满足人们对环保的需求，不仅可以获得商机和竞争优势，还能为环境保护事业做出积极贡献。这是一个可持续发展的重要领域，也是为人们创造更美好未来的关键领域之一。

第三节 设计与传统文化的关系

一、传统文化的基础

在过去的全球化进程中我们缺少了对传统文化的保护与利用，传统文化的基础在设计行业的发展中可以发挥重要作用。一个社会的文化遗产为创造性的表达和设计灵感提供了一个框架，有可能影响当代设计。在设计中使用传统文化元素，可以帮助维护和促进文化认同，其也是设计师灵感和创新的源泉。本节将探讨传统文化的基础对设计行业的重要性，并研究传统文化元素如何在当代设计中使用。将传统文化元素纳入设计也有助于促进文化、社会和环境的可持续发展以及包容性。通过重视和保护传统文化元素，设计师可以为保护文化遗产做出贡献，并促进社会更具包容性。

1.保护文化的认同

传统文化提供了与过去的联系和与文化认同的联系。在设计中使用传统文化元素可以通过提供文化价值观和信仰的视觉表现来帮助维护和促进文化身份。这在全球化进程中尤为重要，文化认同正受到同质化和文化差异的侵蚀的威胁。将传统文化元素纳入设计也有助于尊重多样性和促进包容性。通过认可和重视不同的文化传统，设计师可以创造出与不同受众产生共鸣的设计，并培养社区感和归属感。这可以帮助创造一个更具包容性的社会，对增加社会凝聚力与各国各民族和平共处至关重要。

2.设计灵感

传统文化元素可以作为设计灵感的来源。在设计中使用传统图案和技术可以创造出独特而有意义的视觉语言。设计师可以利用丰富的文化遗产来创造反映文化身份的设计。将传统文化元素融入设计中也可以激发创造力。通过重新诠释传统图案和技术，设计师可以创造融合传统和当代元素的新的和令人兴奋的设计。这可以帮助设计师创建既永恒又相关的设计，并且设计具有普遍吸引力。

3.文化旅游

将传统文化元素纳入设计也有助于促进文化旅游。游客经常被吸引到提供丰富文化体验的地方，在设计中使用传统文化元素可以创造一种既真实又令人难忘的地方感。通过创造反映当地文化遗产的设计，设计师可以帮助促进当地文化旅游的发展。

4.社会和环境可持续性

在设计中使用传统文化元素可以促进社会和环境的可持续性。通过在设计中重视和保护文化传统，设计师可以为保护文化遗产做出贡献。这可以通过为当地人民创造经济机会以及培养社区自豪感和身份认同来帮助促进社会的可持续性。在设计中使用传统技术和材料可以促进环境的可持续性。木材、石头和黏土等传统材料通常是可再生和可生物降解的，而编织和陶器等传统技术往往是低环境影响的。通过在设计中融入传统材料和技术，设计师可以创造出环境可持续的产品，并促进负责任的消费。

二、传统文化的传承

传统文化是指代代相传的习俗、信仰、价值观和实践。它是人类身份的一个重要方面，提供了文化的连续性、稳定性和归属感。在设计行业，传统文化的传承至关重要，因为它提供了丰富的灵感和创造力，可用于开发独特而有意义的设计，与人们产生深层次的共鸣。在设计行业继承传统文化的最大好处之一是能够创造具有文化相关性和意义的设计。传统文化深深植根于社区的集体记忆中，反映了社区的历史、价值观和信仰。通过将传统文化元素融入到设计中，设计师可以创造出与人们产生深刻共鸣的产品，帮助加强人们的认同感和社区感。

重要的是，必须以敏感和尊重的态度对待设计行业对传统文化的传承。传统文化正在不断演变，设计师必须注意不要在设计中对这些文化产生刻板印象。设计师必须与社区成员密切合作，以确保设计是尊重文化和适当的。

1.传统文化与时尚设计的结合

传统文化是时尚设计的重要源泉之一。中国传统文化源远流长，具有深厚的文化底蕴，而且与时尚设计的美学追求高度契合。将传统文化与时尚设计相结合，既能传承和弘扬传统文化，又能创造出新的美学价值。

李宁中式时尚设计：李宁作为中国知名的运动品牌，一直在探索中国传统文化与运动时尚的结合。2010年，李宁发布了以中国传统文化为主题的运动服装系列。以龙、凤、麒麟等中国传统图案为元素，设计师设计出一系列富有中国文化特色的运动服装。这些服装不仅在外观上体现了中国传统文化，而且在材料上采用了中国传统的绸、缎等。这一系列服装受到了广泛的欢迎，成为李宁品牌的一张亮丽名片。

2.传统文化与建筑设计的结合

传统文化也是建筑设计的重要源泉之一。传统文化的底蕴和艺术价值，可以为建筑设计提供灵感和创意，让建筑设计更具有文化内涵和时代特色。

故宫博物院新馆建筑设计：故宫博物院新馆是一座以传统文化为设计理念的建筑。该建筑的设计灵感来源于故宫博物院的传统建筑风格，将传统的建筑元素与现代建筑技术相结合，设计出了既具有传统文化特色又具有现代美学价值的建筑。该建筑采用了传统的木质结构和瓦片覆盖，同时采用了现代的建筑材料和技术，如钢结构和玻璃幕墙，既保留了传统建筑的美感，又满足了现代建筑的功能需求。

民宿设计中的传统文化元素：民宿是近年来兴起的一种旅游住宿形式，其设计注重环境、文化和情感的融合。在民宿设计中，传统文化元素的运用成了一种常见的设计手法。比如，设计师可以运用传统的建筑元素、文化符号和传统材料，将传统文化与现代设计相结合，创造出既具有古典美感又具有现代感的设计作品。

3.传统文化与产品设计的结合

传统文化在产品设计中也具有重要的地位。传统文化中的造型、色彩和纹样等元素，可以为产品设计提供创意和灵感，使产品具有更多的文化内涵和艺术价值。

（1）陶瓷

陶瓷是中国传统的手工艺品，具有丰富的文化内涵和艺术价值。在陶瓷产品设计中，传统文化元素的运用成了一种常见的设计手法。比如，设计师可以运用传统的纹样和图案，将传统文化与现代设计相结合，创造出既具有文化内涵又具有现代感的陶瓷产品。

（2）家具

传统家具在造型、色彩和雕刻等方面具有独特的风格和美感。在现代家具设计中，传统文化元素的运用成了一种特色，将传统文化与现代设计相结合，创造出具有时代特色和文化内涵的家具作品。

4.中国传统文化在建筑中的重要性

中国传统文化对中国和世界各地的建筑产生了重大影响。中国传统建筑以其使用木材和石头等天然材料以及对细节的关注和与自然的和谐而闻名。

（1）案例

北京奥林匹克公园：将中国传统文化融入建筑的一个例子是北京奥林匹克公园。该公园是为2008年夏季奥运会建造的，其设计借鉴了中国传统建筑和景观设计。该公园包括几座融合了中国传统元素的建筑，如国家体育场（也称为鸟巢），其特点是独特的格子结构，灵感来自中国传统陶瓷。

广州歌剧院：将中国传统文化融入建筑的另一个例子是广州歌剧院。歌剧院由著名建筑师扎哈·哈迪德设计，借鉴了中国传统景观设计。这座建筑的流畅线条和有机形状的灵感来自大自然。将中国传统文化融入建筑不仅有助于保护文化遗产，还有助于在全球市场上推广中国建筑。中国传统建筑通常和与大自然的和谐感、对细节的关注以及对文化遗产的尊重有关，部分原因在于将传统文化元素融入了建筑中。

（2）提供创新动力

传统文化的传承是设计行业的一个重要方面，它为设计师提供了丰富的灵感和创造力，有助于创造与文化相关和有意义的设计，促进社会可持续性发展和环境责任，并有助于保护和促进文化多样性。通过将传统文化元素融入设计中，设计师可以创造出与人们产生深刻共鸣的产品，帮助加强人们对设计的认同感和社区感。然而，设计师必须以敏感和尊重的态度对待传统文化的继承，与文化界成员密切合作，以确保设计是适当和尊重文化的。

（3）弘扬传统文化

传统文化是一个民族的精神财富，是中华文化的重要组成部分。在当今全球化的背景下，传统文化的传承和保护变得尤为重要。设计行业是传统文化的重要传承载体之一，设计师通过设计作品来传承和弘扬传统文化，将传统文化与现代设计相结合，创造出新的美学价值。本节将通过几个案例分析设计行业传承传统文化的重要性。

5.其他传统文化在设计中的表现

（1）日本文化

日本以其丰富的文化遗产而闻名，这影响了当代日本设计的许多方面。通过传统文化元素产生重大影响的一个领域是产品设计。传统的日本设计原则，如简单、功能和与大自然的和谐，已成为许多日本产品的关键特征。将日本传统文化纳入产品设计的一个例子是无印良品。无印良品是一家日本零售公司，主营各种家用消费品。该公司的设计理念基于简单、功能性和与大自然和谐的原则。无印良品的产品的特点是设计简约，使用天然材料，注重细节。

将日本传统文化融入产品设计的另一个例子是furoshiki。Furoshiki是一种传统的日本包装布，用于运输和储存货物。这种布可以以不同的方式折叠，形成一个袋子，使其成为传统塑料袋的替代品。许多设计师在当代设计中重新诠释了furoshiki，融入了现代材料和图案，同时保留了传统的折叠技术。在产品设计中使用日本传统文化不仅有助于保护文化遗产，还有助于在全球市场上推广日本产品。日本产品通常给人高品质、注重细节和工艺感的感觉，部分原因是由于在产品设计中融入了传统文化元素。

（2）非洲文化

近年来，非洲时尚获得了全球认可，设计师将传统的非洲文化元素融入了当代设计中。非洲时装设计师利用传统的非洲文化来创造独特的设计，彰显多样性并促进包容性。将传统非洲文化融入时装设计的一个例子是使用非洲印花和纺织品。非洲印花以其大胆多彩的设计而闻名，这些设计通常结合了传统的图案。许多非洲时装设计师在设计中使用非洲印花和纺织品，创造出反映非洲文化遗产的独特和引人注目的服装。

将传统非洲文化融入时装设计的另一个例子是使用传统的非洲珠宝。传统的非洲珠宝通常由木材、骨头和珠子等天然材料制成，并具有反映非洲文化传统的复杂设计。许多非洲时装设计师将传统的非洲珠宝融入设计中，创造了独特而文化丰富的系列时装。在时装设计中使用传统的非洲文化不仅有助于保护文化遗产，还有助于在全球市场上推广非洲时尚。非洲时尚通常与大胆多彩的设计、错综复杂的细节和对文化多样性的彰显有关，部分原因是由于在时装设计中融入了传统文化元素。

（3）印度文化

印度以其丰富的纺织遗产而闻名，这影响了当代印度设计的许多方面。传统的印度纺织品，如丝绸、棉花和羊毛，以其复杂的设计、大胆的色彩和对细节的关注而闻名。将印度传统文化融入纺织品设计的一个例子是使用手工编织面料。手工编织面料是印度纺织遗产的重要组成部分，以其独特的质地和图案而闻名。许多印度纺织品设计师在设计中使用手工编织面料，创造出独特且文化丰富的服装，反映了印度丰富的纺织遗产。将传统印度文化融入纺织品设计的另一个例子是使用传统的印度刺绣。传统的印度刺绣，如kantha、zari和chikankari，具有反映印度文化传统的复杂设计。许多印度纺织品设计师将传统的印度刺绣融入他们的设计中，创造了独特而文化丰富的纺织品。

在纺织品设计中使用印度传统文化元素不仅有助于保护文化遗产，还有助于在全球市场上推广印度纺织品。印度纺织品通常与复杂的设计、大胆的色彩和对文化遗产的尊重有关，部分原因是由于在纺织品设计中融入了传统文化元素。

将传统文化元素融入设计是设计的重要组成部分。传统文化元素为创造性表达和设计灵感提供了一个框架，有可能影响当代设计。在设计中使用传统文化元素可以帮助维护和促进文化认同，同时也是设计师灵感和创新的源泉。将传统文化元素融入设计也有助于促进、社会和环境可持续性发展以及包容性。

三、设计实例：荒石探屏草编家居产品设计

1. 设计课题

（1）以探索设计与人文关系为主题的非物质文化遗产与家居产品结合开发设计

将传统的手工艺品重新带回日常家居环境，并重新定义其与使用者的关系，可以通过材料的选择将其再设计，也可以通过创新产品形态、结构和功能等，结合现代人的生活方式，在工艺技术的创新、多功能性、用户体验等方面进行设计。

（2）调研任务

研究非物质文化遗产：深入研究和了解特定的非物质文化遗产，例如传统工艺、艺术表演、民俗习惯等，探索其历史、价值观、技术和发展过程，以及与家居生活的关联。

家居产品定位调研：确定目标用户群体和市场定位，明确设计的家居产品类型和功能。考虑与非物质文化遗产相结合的方式，例如将图案、材料、工艺等元素融入设计。

（3）设计任务

材料选择：选择传统手工艺品所使用的材料，例如木材、陶瓷、纺织品等，并将其运用到现代家居产品中。保留传统材料的特点，以增强产品的传统氛围和独特性。

创新设计：通过重新设计产品形态、结构和功能，将传统手工艺品与现代审美和功能需求相结合。注重简约、实用和现代感，使产品适应现代生活方式，并能够融入各种家居环境。

（4）技术参考指标

工艺技术创新：保留传统手工艺品的工艺技术，同时结合现代技术。

用户体验：注重用户的感知和体验，使用户能够感受到传统手工艺品带来的独特触感、质感和美感。考虑产品的人体工程学设计，以提供舒适的使用体验，并与用户的情感产生共鸣。

2.设计过程

作为传统手工技艺的一部分，从古至今，天然植物编织的发展凝结积累了人们的智慧。草编在我国初现于新石器时代，在近现代发展为如今的草编技艺，草编制品也基本定型于草席、草帽、草篮、草扇、草垫等。草编产业在近代及新中国成立后皆有所发展，但逐渐随着工业的发展逐渐衰落。当下，自然的破坏及环境的污染，工业、科技带给社会的冷漠疏离，使人们回归自然、返璞归真的呼声越来越强烈。如今，天然植物编织不再只是人的一种谋生手段，更是传统工艺和文化的象征。

（1）草编概述

草编又称草制品，是以各种柔韧草本植物作为原料加工编制的工艺品。其原料生长地域广且易得易作，故草编工艺在我国民间十分普及。草编是中国传统工艺品之一，在国内外享有很高声誉。其原料用草多生长于长江中下游气候温润多雨地区，淡水边较多见。

草编工艺历史：宁波草席在唐代已销往国外，是丝绸之路贸易品之一。宁波的草帽编织也有两百多年的历史（图4-15）。

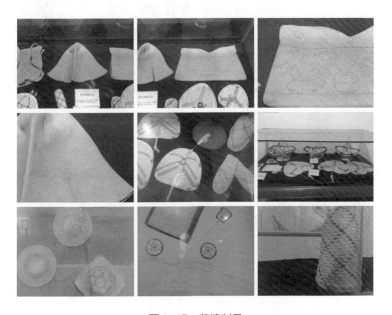

图4-15　草编制品

生产现状：如今仍在从事草编制作的，大多为年龄在五十岁以上的女性，且都是以个体为工厂代加工的方式存在。由于市场小，草编工艺成本被压低，制作过程枯燥，年轻人不愿从事手艺劳作等诸多原因，使宁波席草编织工艺可能失去传承。

席草的处理方式：拔草—脱草壳（去除草茎基部叶鞘）—捡草（筛选）—漂草（晒干）—浸草（软化）—编织（图4-16）。

图4-16　草编生产流程

（2）手艺传承人的实地探访

"工艺品实用化，日用品工艺化"。从手工的自给自足的小农经济生产方式，到机械化大生产方式，如今的人们已经掌握轻松便捷获取高质量产品的方法。但置身于快速成型的塑料与金属中的人们，对自然有着天然的渴望。传统手工艺品多为就地取材，所用材料皆是天然的。草编工艺与机械化生产良好结合，是此次设计探索的目标。

在手工艺品面对工业化的今天时，如何在产品设计中平衡手工艺与机械化生产的度，怎样既良好地传承传统工艺又使其适应现代化生产，是将传统手工艺融入产品创新中值得思考的问题（图4-17）。

图4-17　手工草编过程

（3）编制流程

第一步：起心（图4-18）。

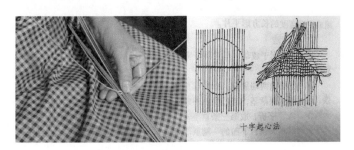

图4-18　草编起心示例图

第二步：加草扩大编织面积（图4-19）。

图4-19　从起心处扩大编织面积

第三步：收尾减去多余材料（图4-20）。

图4-20 草编收尾工序

（4）工艺特性

工艺特性一：平面编织（图4-21）。

图4-21 平面编织示例图

工艺特性二：镂空编织（图4-22）。

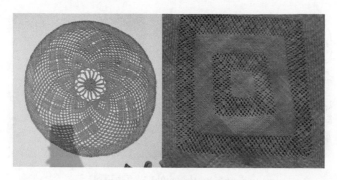

图4-22 镂空编织示例图

工艺特性三：平面与镂空的图案编织（图4-23）。

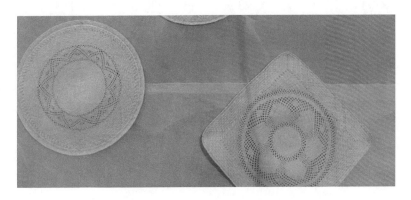

图4-23　平面与镂空结合编织示例图

（5）产品构思

依托材料优势：吸水、透气特性适用于南方大体量家居产品、杯垫等和香薰产品；草编成品的柔韧特性适用于弹性面。

依托工艺优势：镂空工艺适用于穿插、悬挂。灯罩的透光、草编镂空与其他结构的透叠美感适用于家居装饰。

脱离传统感的造型探索：通过传统编织实现单一球面起伏，通过叠加编织实现厚度与软硬的视觉对比，通过借物实现有机曲面，通过平面材料折叠实现褶皱。

（6）产品草图

香薰灯：利用席草的吸水与精油易挥发的特性，通过吸收香薰精油为空间营造嗅觉体验（图4-24）。

图4-24　香薰灯产品设计草图

花器：利用草编的镂空与空间中的物体产生透叠美感（图4-25）。

灯具：利用草编的镂空与灯光结合产生光影效果（图4-26）。

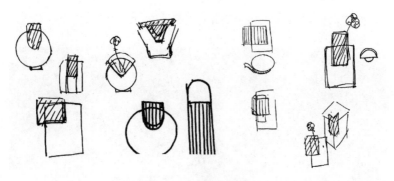

图4-25　花器设计草图

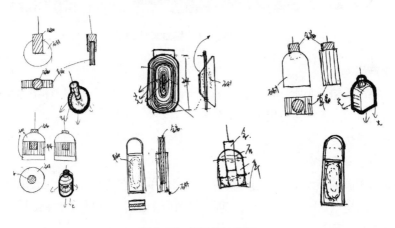

图4-26　灯具设计草图

（7）材料试验

柔韧性与抗压性如图4-27所示。

图4-27　材料试验过程图（1）

异材结合如图4-28所示。

图4-28　材料试验过程图（2）

压与折如图4-29所示。

图4-29　材料试验过程图（3）

构成与功能探索如图4-30所示。

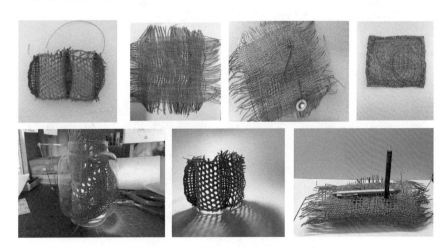

图4-30　材料试验过程图（4）

（8）模型制作

模型制作过程如图4-31所示。

图4-31　模型制作过程图

3.产品展示

（1）台灯

在考虑好防火的前提下，利用草编柔软的特性，用模具压制成的灯罩，并进行防火处理，采用镂空的编织方式形成良好的光影效果与闭灯时的图形感（图4-32）。

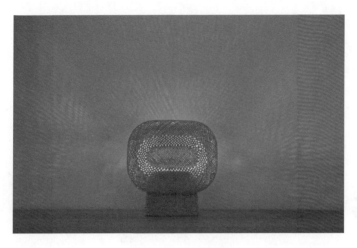

图4-32　台灯效果图

（2）吊灯

在做好工艺上的防火措施后，运用草编面与灯光交织形成的光影效果，营造温暖的空间气氛（图4-33）。

图4-33　吊灯效果图

（3）首饰架

首饰架由网衍生而来，融合草编镂空如渔网般的挂物功能，可以承担首饰类的小重量的物品（图4-34）。

图4-34　首饰架效果图

（4）花器

花器的设计来自屏风，草编的镂空与其他物体形成透叠美感，在桌面上形成小空间的隐约隔断（图4-35）。

图4-35　花器效果图

草编家居产品示意图、产品组合示意图如图4-36、图4-37所示。

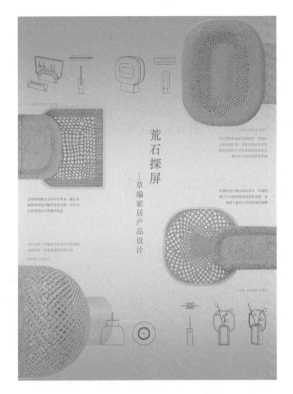

图4-36　草编家居产品示意图

图4-37　产品组合示意图

4.设计总结

在产品设计中，平衡传统手工艺与现代化生产是一个重要的设计课题。我们需要尊重传统手工艺的独特性和文化传承，同时结合现代技术，以提高生产效率和产品质量。在设计过程中，我们将传统手工艺与现代审美和功能需求相结合，创造出既吸引人又实用的产品，这样可以使传统手工艺焕发新的生命力，与现代社会相融合。同时，我们还要引入可持续发展的理念，在材料选择、生产过程优化和资源节约方面考虑可持续性，以实现环境友好和可持续发展的目标。

第四节　用户与用户的关系

一、工业4.0时代人与人关系的转变

在不久的将来，工业4.0会成为我们日常生活的重要组成部分，它改变了人们之间的交流、互动和社会关系。人们可以通过网络实现全球范围内的沟通、信息获取和社交互动，这极大地丰富了人们的社交和文化生活，也给人们带来了巨大的经济和社会红利。

1.关系变化的现象

在工业4.0时代，人们之间的联系和互动方式发生了很大的变化。传统的面对面交流被网络交流所替代，人们的社交圈扩大了，交友的范围也变得更加广泛。工业4.0时代的发展还促进了社交媒体的崛起，人们可以通过社交媒体发布信息、分享生活和观点，从而扩大自己的社交圈和影响力。另外，互联网的发展也促进了人们的协作和合作。通过互联网，人们可以远程协作、分享资源和知识，从而实现更高效、更具创新性的工作和学习方式。这种新型的协作方式使得人们可以在不同的地理位置进行协作，同时也增加了跨国和跨文化合作的机会。

（1）促进文化交流

通过网络，人们可以了解不同国家和地区的文化、历史和传统，同时也可以将自己的文化和思想传递给世界各地的人们。这种文化交流和认知互动有助于增强人们的跨文化交流能力和全球视野，促进世界文化的多元发展。

（2）经济和社会红利

在经济领域，催生了很多新的产业和商业模式，例如电子商务、在线支付、在线教育、共享经济等，这些新型产业和商业模式改变了传统商业的运营方式，同时

也为消费者带来了更加便利和优质的服务。

（3）促进创新

创业者可以通过众筹平台推广自己的产品和服务，同时也可以从互联网中获取大量的数据和反馈，从而优化自己的业务模式和产品设计。这种基于互联网的创新和创业，不仅促进了新兴产业的发展，也为整个社会带来了更多的就业机会和经济增长动力。

（4）信息透明

互联网促进了信息的自由流通和公开透明，增强了公民的知情权和监督能力。同时，互联网的发展也改善了人们的生活品质，例如互联网医疗、在线教育、智能家居等应用的出现，使得人们可以更加便捷地获取健康、教育和生活的服务。

（5）数字化进程

互联网的发展加速了数字化进程，推动了数字经济的发展和数字化社会的建设。数字经济已经成为全球经济的重要组成部分，它为经济发展提供了新的增长点和动力，同时也为人们的生活和工作带来了更多的数字化选择和便利。

在未来，随着技术的不断进步和应用场景的不断拓展，互联网将会进一步推动数字化进程和社会变迁，同时也将带来更多的机遇和挑战。我们需要不断地学习和创新，以更好地适应互联网时代的发展和变化，同时也需要更加注重个人隐私和信息安全，保护好自己和社会的数字化资产和利益。

2.关系转变的案例

随着互联网技术的不断发展，越来越多的设计师开始借助网络平台来推广和销售自己的作品和服务，同时也能够更好地了解市场需求和用户反馈，优化自己的设计和服务。以下是几个设计行业在互联网时代下的成功案例分析。

（1）追波（Dribbble）

追波是一个专门面向设计师的社交平台，设计师可以在平台上上传自己的作品，与其他设计师分享和交流，并通过平台上的招聘信息获取工作机会。追波的成功在于它通过互联网平台打破了地域限制，让全球的设计师能够方便地互相交流和合作，同时也让企业能够找到更合适的设计人才。追波还推出了付费会员功能，让用户能够更好地展示自己的作品，获得更多的曝光和机会。

（2）可画（Canva）

可画是一个在线平面设计工具，用户可以在平台上使用丰富的设计模板和素材，自由创作各种作品。可画的成功在于它通过网络平台让设计变得更加易于上手，让更多的人可以在短时间内完成高质量的设计工作。可画还提供了强大的社交分享功能，让用户能够更好地与他人交流和学习，以提高自己的设计水平和影响力。

（3）猫眼电影

猫眼电影是一个在线电影票务平台，用户可以在平台上购买电影票，了解电影信息和影评，享受更加便捷和优质的电影观影体验。猫眼电影的成功在于它通过互联网平台打破了传统电影票务的限制，让用户能够更加方便地购买电影票和了解电影信息，同时平台也提供了丰富的用户反馈和数据分析功能，让电影院和电影制片人更好地了解用户需求和优化自己的服务。

（4）菜鸟裹裹

菜鸟裹裹是一个在线物流服务平台，用户可以在平台上快速寄送和收取快递包裹，享受更加便捷和快速的物流服务。菜鸟裹裹的成功在于它通过互联网平台打破了传统物流行业的壁垒，让用户能够更加方便地选择物流服务和了解物流信息，同时也提供了强大的数据分析和用户反馈功能，让物流公司能够更好地了解用户需求和优化自己的服务。

以上几个案例展示了在互联网时代下，设计行业通过互联网平台获得的红利。这些互联网平台通过打破地域限制、提供丰富的数据分析和用户反馈功能，让设计师、房东、租客、电影院、物流公司等各类用户能够更加便捷地获取信息、完成交易，实现互惠互利。同时，这些平台也通过创新的商业模式和盈利模式，实现了商业上的成功。

二、工业4.0时代人与人交流的转变

在互联网时代，人与人之间的交流方式发生了翻天覆地的变化。传统的面对面交流方式已经不能满足人们的需求，人们开始通过互联网平台进行交流，这种交流方式不仅更加便捷快速，还具有更加丰富的形式和内容。设计在这种交流方式中扮演着非常重要的角色，它不仅决定着交流内容的形式和呈现方式，还能够影响到交流的效果和品质。

1. 人与人交流的变化

（1）设计师与用户间的交流

设计的方式发生了变化，设计不再是单向的，而是成为一种双向交流的方式，设计师和用户之间的交流变得更加频繁、直接和真实。设计不再是单纯的美学追求，而是更加关注用户体验和需求，设计师需要根据用户的反馈和数据分析不断优化设计。

（2）用户体验设计

用户体验设计是互联网时代最为重要的设计方式之一。用户体验设计注重从用户的角度出发，通过深入了解用户的需求、偏好、习惯等，来设计出更加符合用户使用习惯和期望的产品。在互联网时代，用户对于产品的体验和感受越来越重要，用户体验设计成为了产品设计中不可或缺的一环。

（3）数据驱动设计

数据驱动设计是指通过收集用户的数据，来指导产品设计和优化。在互联网时代，用户数据非常丰富，包括用户使用行为、偏好、习惯、心理反应等，这些数据可以帮助设计师更好地了解用户，找到用户的痛点和需求，从而进行更加有效的设计和优化。

（4）社交化设计

社交化设计是指将社交元素融入产品设计中，以提高用户参与度和使用黏性。在互联网时代，社交网络成为了人们交流的主要平台之一，设计师可以通过社交化设计来引导用户在产品中进行社交活动，增强用户之间的互动和沟通。

（5）响应式设计

响应式设计是指通过设计，使产品能够适应不同设备和屏幕大小。在互联网时代，人们使用的设备种类繁多，包括手机、平板电脑、笔记本电脑、台式机等，不同设备的屏幕大小和分辨率也各不相同，响应式设计能够帮助产品在不同设备上展示出最佳的效果，提高用户的体验。

2. 人与人交流变化的案例

在互联网时代，设计行业也获得了巨大的红利。互联网让设计师和用户之间的交流变得更加频繁和直接，设计师可以通过互联网平台了解用户需求，反馈设计成果，并得到及时的数据分析。以下是设计行业在互联网时代的几个红利案例分析。

（1）设计师社区

设计师社区是一个专门为设计师提供交流、分享和学习的平台。在互联网时代，设计师社区得到了迅速的发展，成为设计师交流和学习的主要场所之一。设计师可以通过社区了解行业动态、分享设计经验、寻找合作伙伴和项目机会。

（2）云设计工具

云设计工具是基于互联网技术的在线设计工具，用户可以通过浏览器直接使用，无须下载和安装软件。云设计工具的出现，使设计师可以随时随地进行设计工作，无须受限于特定的硬件和软件，同时也方便与客户和合作伙伴的协作和交流。云设计工具还提供了丰富的设计资源和模板，使得设计师可以更加高效地完成工作。

（3）用户研究平台

用户研究平台是为产品设计提供用户研究服务的在线平台。在互联网时代，用户研究变得更加重要，设计师需要深入了解用户，才能设计出更符合用户需求和期望的产品。用户研究平台为设计师提供了多种用户研究工具和服务，包括在线问卷、用户访谈、用户行为分析等，使设计师可以更加深入地了解用户的需求和反馈。

（4）电商设计平台

电商设计平台是为电商行业提供设计服务的在线平台。随着电商行业的快速发展，设计在电商中的作用也越来越重要。电商设计平台为电商卖家提供了各种设计服务，包括店铺装修、产品拍摄、海报设计等，帮助卖家提升店铺形象和产品展示效果，从而提高销售额和用户体验。

（5）远程协作设计

在互联网时代，远程协作设计成为一种新型的设计方式。设计师们可以通过互联网远程协作完成设计项目，不同城市甚至不同国家的设计师都可以进行远程协作设计。这种方式的优势在于可以获得更多不同背景和文化的设计思想，从而为设计项目带来更多的创新和想象力。同时，远程协作设计也节约了时间和成本，提高了设计的效率和质量。

以一个远程协作设计案例为例，设计公司A与设计公司B进行了远程协作设计，共同完成了一个海外酒店的室内设计项目。设计公司A在美国，设计公司B在中国。他们通过互联网平台进行远程协作，完成了项目的所有设计流程，包括初步设计、施工图设计、样板房的设计和制作等。整个设计过程中，设计师们通过互联网平台进行交流和沟通，通过在线共享文档、实时视频会议等方式进行协作。这样，他们不仅节省了大量的时间和成本，而且从彼此的设计经验和文化中获得了更多的启发和灵感。

互联网时代给设计行业带来了巨大的机遇和挑战。设计师需要适应互联网时代的设计方式和工具，不断学习和创新，才能跟上时代的步伐。同时，设计师也需要深入了解用户需求和行为，为用户提供更优秀的产品和体验。在互联网时代，设计师与用户之间的交流和互动变得更加频繁和直接，设计师需要不断改进自己的技能和方法，以更好地服务于用户和社会。

三、设计实例：回忆照相机设计

1. 设计课题

（1）以探索用户与用户关系为主题的情感互动类产品设计

针对工业4.0时代人与人的关系进行设计探究，通过创新的方式满足人们对于特定交流方式的需求，并提供更加有效的情感陪伴体验。设计这类产品时可以考虑以下因素，如个性化陪伴、情感共情、积极互动、创造共同回忆、技术融合等。

（2）调研任务

用户体验调研分析： 调查用户在使用产品时的感知和情感体验，评估产品是否具有直观性、易用性、愉悦性和有价值的产品体验，深入了解目标用户的情感需求、行为和偏好，通过用户研究和调研获得真实的用户反馈，提供个性化的陪伴内容和体验，使用户感受到被特别对待的情感价值。

用户间的交流研究分析： 分析设计中提供给用户进行互动和交流的功能和机制，充分了解用户之间的交流互动方式与动机，理解用户建立联系的深层次原因，分解信息从而分析用户之间的互动和社交性的本质。

（3）设计任务

个性化定制设计： 考虑用户的个体差异和多样性，提供个性化的选项和定制功能，使用户能够在产品中展示自己的独特性。

情感表达工具设计： 提供多种让用户表达情感的方式，例如表情符号、贴纸、动画效果等，以及与其他用户之间的互动和分享功能。

用户体验设计： 注重产品的直观性、易用性和愉悦性，通过友好的界面、流畅的操作和吸引人的视觉效果提供良好的用户体验。

（4）技术参考指标

数据驱动设计： 通过收集、分析和利用用户数据来指导产品设计和决策，深入了解用户需求、行为和偏好，可以根据数据分析对产品进行有针对性的优化和改进。

社交互动机制： 设计产品以促进用户之间的社交互动，例如社交网络功能、用户评论功能和点赞功能等，鼓励用户之间建立情感联系。

情感引导和激励： 通过设计元素和互动机制，激发用户对产品的情感参与和积极反馈，以增强用户对产品的情感投入并获得满足感。

2. 设计过程

（1）头脑风暴

回忆照相机头脑风暴示例如图4-38所示。

概念起源——头脑风暴

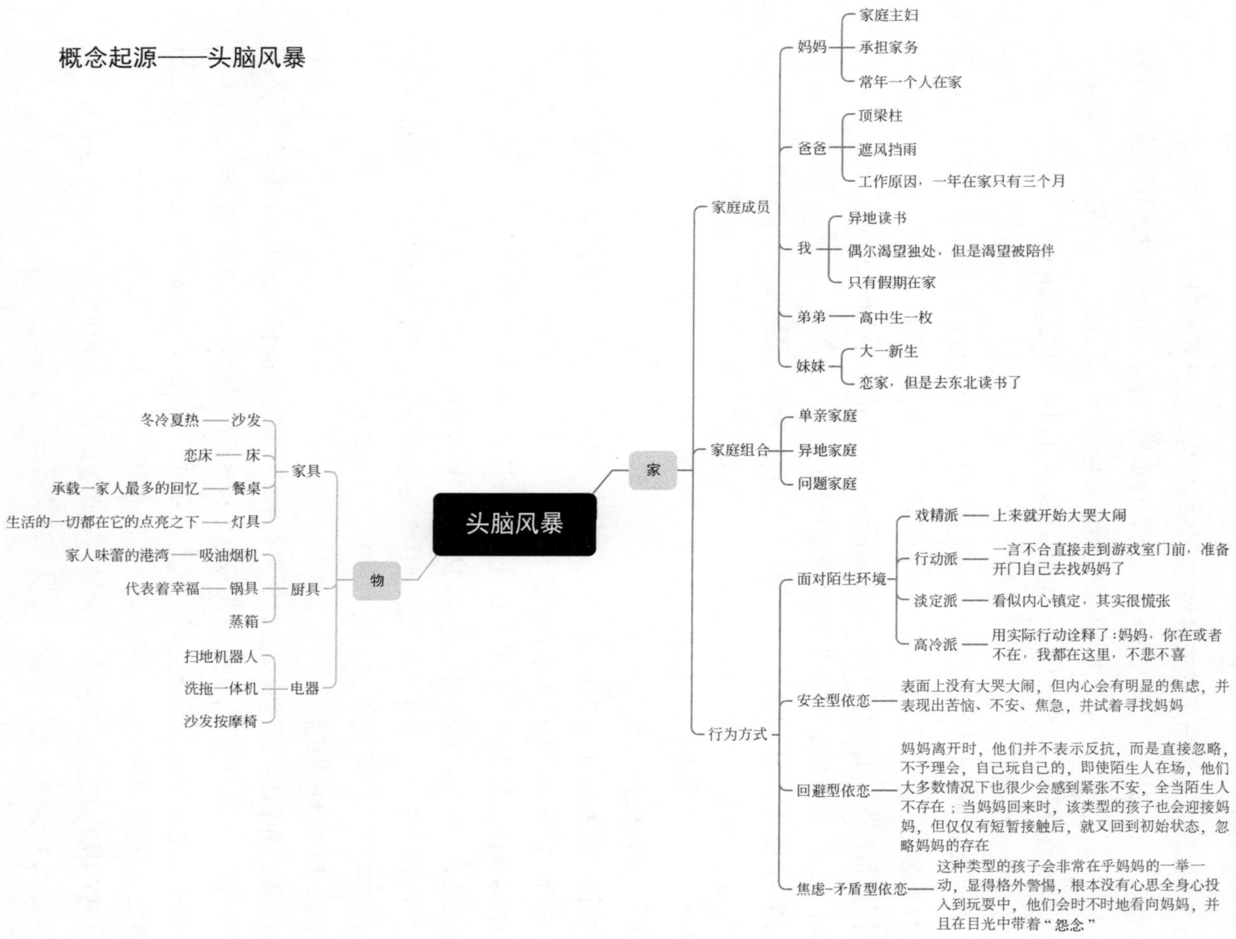

头脑风暴
家
家庭成员
妈妈
家庭主妇
承担家务
常年一个人在家
爸爸
顶梁柱
遮风挡雨
工作原因，一年在家只有三个月
我
异地读书
偶尔渴望独处，但是渴望被陪伴
只有假期在家
弟弟
高中生一枚
妹妹
大一新生
恋家，但是去东北读书了
家庭组合
单亲家庭
异地家庭
问题家庭
行为方式
面对陌生环境
戏精派
上来就开始大哭大闹
行动派
一言不合直接走到游戏室门前，准备开门自己去找妈妈了
淡定派
看似内心镇定，其实很慌张
高冷派
用实际行动诠释了：妈妈，你在或者不在，我都在这里，不悲不喜
安全型依恋
表面上没有大哭大闹，但内心会有明显的焦虑，并表现出苦恼、不安、焦急，并试着寻找妈妈
回避型依恋
妈妈离开时，他们并不表示反抗，而是直接忽略，不予理会，自己玩自己的，即使陌生人在场，他们大多数情况下也很少会感到紧张不安，全当陌生人不存在；当妈妈回来时，该类型的孩子也会迎接妈妈，但仅仅有短暂接触后，就又回到初始状态，忽略妈妈的存在
焦虑-矛盾型依恋
这种类型的孩子会非常在乎妈妈的一举一动，显得格外警惕，根本没有心思全身心投入到玩耍中，他们会时不时地看向妈妈，并且在目光中带着“怨念”
物
家具
沙发
冬冷夏热
床
恋床
餐桌
承载一家人最多的回忆
灯具
生活的一切都在它的点亮之下
厨具
吸油烟机
家人味蕾的港湾
钢具
代表着幸福
蒸箱
电器
扫地机器人
洗拖一体机
沙发按摩椅

图4-38　回忆照相机头脑风暴示例图

（2）人群分析

青春期的家庭：因为家庭沟通的缺失，孩子当时的认知会与父母存在代沟化的差异，所以出现矛盾和分歧。

经常在外游历或求学的异地家庭：许多父母认为"孩子在他们眼中永远长不大"，即使子女已经有能力独立生活，父母仍然会对他们抱以最深的担忧，同时也试图保持自己管教的角色去介入子女的生活（图4-39）。

（3）概念整合

如何增加亲子之间的羁绊？长久以来，我们做家长的太善于"说"了，太着急"说"了。当孩子向父母陈述一件事情时，父母们往往过于相信自己的感受，而不是孩子的感受。沟通不仅仅是表达，还包括倾听。只有用心倾听对方的言语，才能真正了解对方的感受，才能更好地沟通。亲子沟通中，比"说"更重要的是倾听，是感受，是与孩子共情。主动倾听并接纳孩子的感受，与孩子产生共情，即站在孩子的立场，理解他们，才是交流的良好开端（图4-40）。

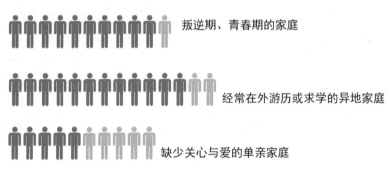

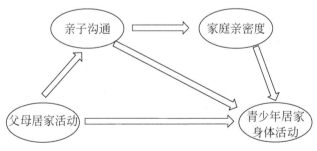

图4-39　人群分析图

（摘自：《父亲与青少年居家身体活动的代际传递效应：
亲子沟通和家庭亲密度的增值贡献》）

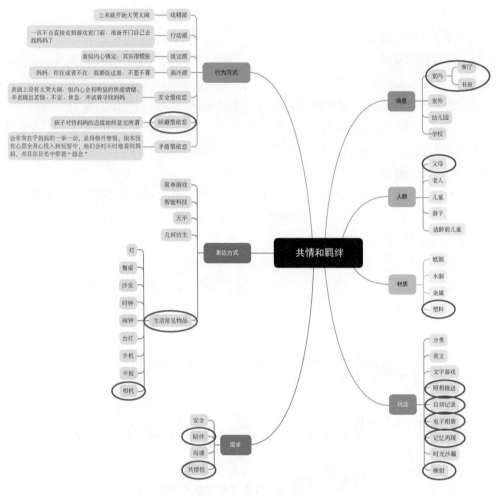

图4-40　概念分析图

（4）产品构思

产品使用场景示意图如图4-41所示。

感受：帮助异地家庭实现沟通场景的构建，弥补亲子双方"不在场"的遗憾，为父母与子女之间搭建起从离散归于亲密的桥梁。

态度：通过记忆再现的方式，推送回忆性的相册，记录一家人欢声笑语的时刻，为他们的沟通增加羁绊。

信念与看法：相较于传统面对面的交流方式，亲子双方采用文字进行远程沟通时信息传达的效率会降低很多。

操作简单：App交互的电子相册，主动增加感情羁绊，可线稿打印、手工着色，以增加沟通（图4-42）。

图4-41　产品使用场景示意图

用一些简单的表达方式
来增加羁绊。

羁绊

主动倾听并接纳家人的感
受，与家人产生共情，理
解他们。

共情

承载一家人最多的回忆
与笑语。

客厅

最简单、最常见的生活载
体，往往是最有效的。

照相机

聚少离多的情况下，为你
增添回忆。

异地分离式家庭

主动倾听并接纳家人的感
受，与家人产生共情，理
解他们。

安全性依恋

回忆性的相册，记录一
家人欢声笑语的时刻。

记忆再现

App 交互的形式，推送家
人间的联系。

App 共联

将照片打印成线稿，与家人一同填色，增加
家人间的羁绊。

照片线稿打印自主填色

图4-42　产品构思示意图

3. 设计表达

（1）使用方法

这款相机可即时打印拍摄的照片，为回忆着色。与典型的宝丽来相机不同，图像以线条形式打印。印刷纸使用热敏纸，用线条锁定记忆，可以为打印的图像（线条图）着色（图4-43）。

图4-43　产品效果示意图

产品底部内置切割刀片，可快速轻松地切割输出纸，输出纸使用热敏纸 ，与传统宝丽来相机（即时相机）相比，成本更低。

热敏纸尺寸设计为可选的79mm×70mm、3英寸和2英寸（图4-44）。

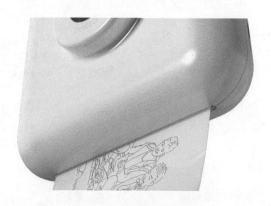

图4-44　产品效果示意图

（2）App展示

App效果示意图如图4-45所示。

图4-45　App效果示意图

（3）用户情景体验地图

用户情景体验地图如图4-46所示。

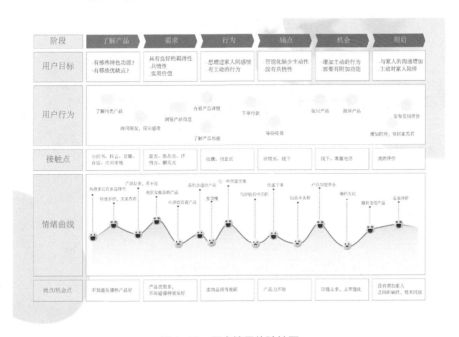

图4-46　用户情景体验地图

4. 设计总结

在生活中，陪伴并不仅仅是物理空间上的在一起，而是一种深层次的关怀。由于亲人或自身的客观原因，人们常常无法亲自陪伴在亲人身边。如果存在一种产品能够跨越空间有效地陪伴亲人，将使亲情更加厚重。通过人工智能和摄像设备，陪伴变得更为轻松，沟通也更加便捷，更能传递人们的情感价值（图4-47）。

图4-47　产品效果示意图

第五节　产品与用户的关系

从互联网设计到物联网设计，是一段紧扣着科技进步和人类需求变化的历程。在这段历程中，设计者的思维方式、技术手段和创新思想都经历了深刻的转变和更新。本节将通过以下几个方面来概述这段历程：互联网设计的特点、物联网设计的特点、互联网设计到物联网设计的转变、物联网设计的挑战和未来展望。

一、工业4.0时代物与人关系的转变

1. 关系变化的现象

互联网设计是指以互联网为基础，利用各种技术手段和设计思想来构建网站、

应用程序等数字化产品的过程。互联网设计的特点主要包括以下几点：

（1）信息化

互联网设计是以信息传递和处理为核心的数字化设计过程。设计师需要考虑如何让信息更加直观、易于理解、易于操作，以便用户可以更好地使用产品。

（2）用户体验

互联网设计强调用户体验，设计师需要了解用户的需求、喜好和使用习惯，通过人性化设计来提高用户的体验。

（3）多终端适配

互联网设计需要考虑在多种设备上的适配问题，包括不同操作系统、不同分辨率、不同网络带宽等。

（4）数据驱动

互联网设计需要大量的数据来进行分析和优化，来改进产品的功能和性能。

2. 关系转变的方式

互联网设计到物联网设计的转变是一种从"信息连接"到"万物互联"的变迁。互联网设计强调信息的连接和处理，而物联网设计则更强调万物互联和智能化。在这个转变中，设计者需要更多地考虑物体与互联网的连接方式、传感器和智能设备的设计、数据的获取和处理、安全性等方面的问题。具体来说，互联网设计到物联网设计的转变包括以下几个方面：

（1）交互方式的转变

从单纯的信息传递和处理，转变为考虑物体的感知和交互能力。设计者需要考虑如何将各种物体连接到互联网上，实现智能化、感知化和交互化。

（2）技术手段的转变

从单纯的网络技术和应用程序设计，转变为包括传感器、智能设备、云计算和大数据处理等技术的综合应用。设计者需要掌握更多的技术知识和技能，以便实现物联网的设计和开发。

（3）设计挑战的增加

物联网设计面临更多的挑战，包括传感器设计、数据处理、能耗管理、安全性等方面的问题。设计者需要不断地解决这些问题，以提供更加可靠、安全和高效的产品和服务。

二、工业4.0时代物与人交流的转变

1. 交流变化的现象

（1）用户需求与场景分析

了解目标用户的需求和使用场景，并分析如何通过物联网技术来提供更好的解决方案。考虑用户的痛点和期望，思考物联网如何改善用户体验、提高效率或创造新的价值。

（2）连接性和数据流

考虑产品如何与其他设备、传感器或云平台进行连接，并管理数据的流动。思考数据的采集、传输、存储和分析，以及如何利用数据来改进产品功能、提供智能化的服务或支持决策制定。

（3）传感器与智能算法

确定适用的传感器技术，考虑如何收集和利用传感器数据。同时，设计相应的智能算法和模型，对数据进行分析和处理，从中提取有价值的信息，并实现自动化、智能化的功能。

（4）用户界面与交互设计

设计直观、简洁且易于使用的用户界面，考虑用户与物联网产品的交互方式。充分利用可视化和互动元素，使用户能够直观地了解和使用与物联网相关的功能和数据。

（5）安全性与隐私保护

在设计过程中注重产品的安全性和隐私保护。考虑数据的安全传输、存储和处理，采用加密和身份验证等安全机制，确保用户数据的保密性和完整性。

（6）迭代与用户反馈

物联网产品设计需要不断迭代和改进。通过与用户进行紧密的互动和收集反馈，了解他们的需求和问题，并及时调整和优化产品设计。

2. 交流变化的案例

从互联网设计到物联网设计的转变，标志着人类进入了一个智能互联的时代。物联网设计者需要面对更多的挑战，但同时也获得了更多的机会和发展空间。只有不断地创新和突破，才能推动物联网技术的进步和发展，为人类创造更加智慧和便利的未来生活。

（1）智能家居设计

智能家居是物联网应用的一个重要领域，它将传感器、网络、云计算和人工智能等技术应用到家居设备和家庭生活中，提供了更加便捷、智能和舒适的生活体验。智能家居设计需要考虑以下几个方面的问题。

设备互联：智能家居设备需要能够互相连接和进行交互，以提供智能化的服务和场景控制。设计者需要采用标准化的协议和接口，以保证设备之间的互操作性。

用户体验：智能家居设备需要考虑用户的使用习惯和行为，提供智能化的服务和场景控制，让用户能够更加方便、舒适和满意地享受智能家居带来的便利和舒适。

安全性：智能家居设备需要保证用户数据和隐私的安全，防止被黑客攻击和泄露用户隐私。

管理和维护：智能家居设备需要进行远程管理和维护，包括软件更新、故障诊断等，需要建立完善的管理和维护体系。

在智能家居设计方面，已经有很多成功的案例。目前市面上有很多不同品牌的智能音箱，可以通过语音控制实现家庭设备的智能化控制、音乐播放、天气查询等多种功能。智能家居集成系统，将家庭设备集成到一个系统中，通过手机App等实现智能化控制。智能电视将电视机与网络、云计算等技术结合，提供了更加丰富的应用和服务，例如在线影音播放、游戏、社交等功能。

（2）智能交通设计

智能交通是另一个重要的物联网应用领域，它将传感器、网络、云计算和人工智能等技术应用到交通运输中，提高了交通的安全性、效率和舒适度。智能交通设计需要考虑以下几个方面的问题。

车辆互联：智能交通需要实现车辆之间的互联，包括车辆之间的通信、数据共享、协同驾驶等。设计者需要采用标准化的协议和接口，以保证车辆之间的互操作性。

基础设施互联：智能交通需要将交通基础设施互联起来，包括交通信号灯、道路监控等，实现智能化的交通管理和调度。

人员安全：智能交通需要考虑行人和骑行者等的安全，设计者需要采用传感器、摄像头等技术对其进行监测和预警。

数据管理：智能交通需要对数据进行分析，以实现交通预测、调度和管理，设计者需要采用云计算和人工智能等技术对数据进行分析和挖掘。

在智能交通设计方面，已经有很多成功的案例。例如，智能车联网设计可以实现车辆之间的通信、数据共享、协同驾驶等，提高车辆的安全性和效率。智能公共交通设计可以实现公交车的精准调度和管理，提高公共交通的服务水平和效率。智能交通信号灯设计可以实现交通信号灯的智能控制，根据交通流量和路况进行优化和调整。

（3）智能医疗设计

智能医疗是另一个重要的物联网应用领域，将传感器、网络、云计算和人工智能等技术应用到医疗健康领域，可以提供更加精准、便捷、高效和个性化的医疗服务。智能医疗设计需要考虑以下几个方面的问题。

设备互联：智能医疗设备需要互相连接和交互，以提供精准和便捷的医疗服务和管理。设计者需要采用标准化的协议和接口，以保证设备之间的互操作性。

数据管理和隐私保护：智能医疗需要对患者的数据进行管理和分析，同时需要保护患者的隐私。设计者需要采用安全的数据管理和加密技术，以保护患者的隐私和数据安全。

诊断和治疗支持：智能医疗需要提供精准的诊断和治疗支持，包括图像诊断、远程会诊、智能诊断等。

健康管理和预防：智能医疗需要提供健康管理和预防支持，包括健康监测、健康咨询、预防接种等。

在智能医疗设计方面，已经有很多成功的案例。例如，智能病房可以实现病人监测、护理和治疗的智能化，提高对病人的治疗效果和医疗服务水平。智能手环可以实现对患者健康状态的监测和预测，提供精准和个性化的健康管理和预防服务。智能远程诊断可以实现医生和患者之间的远程交互和诊断，提高医疗服务的效率和便捷性。

从互联网设计到物联网设计，是设计思想和方法的不断发展和演变。物联网设计要考虑设备互联、互操作性、数据管理和分析、安全和隐私保护等方面的问题。在物联网应用领域，已经出现了很多成功的案例，例如智能家居、智能交通和智能医疗等。这些案例都体现了物联网设计的核心理念，即以用户为中心，以数据为驱动，以创新为目标，不断提高服务质量和用户体验，推动社会进步和发展。

三、设计实例：适老化公交车系统设计

1. 设计课题

（1）以探索物与人关系为主题的社会公共资源再分配的产品设计

以探索物与人的关系为主题进行设计，理解社会公共资源分配的现状及未来，了解场景中用户的真实需求。设计关注的不仅仅是特定产品，更应注重用户与产品之间的交互关系和体验。基于真实用户数据进行分析，设计师可以发现用户的痛点、问题和需求，从而提出创新的设计解决方案。

（2）用户需求调查与研究

用户的日常生活习惯和节奏：了解用户的作息时间、活动安排等，以便设计出更贴合用户需求的产品。

用户的生活方式：探索用户的价值观、兴趣爱好、文化背景等，以便设计出符合其需求的产品。

用户的行为习惯和偏好：了解用户在使用产品时的偏好、习惯和行为模式，以便设计出更符合用户行为习惯的产品。

用户的动机和需求：研究用户使用产品的动机和需求，明确用户在特定情境中的期望和目标。

（3）场景需求调查与研究

场景属性和环境要素调查：了解产品使用的具体场景的特点，包括空间布局、环境要素、人流量等，以便设计出更适应场景的产品。

色彩搭配和视觉效果：考虑场景的色彩搭配、视觉效果和情感表达，以使用户在特定场景下有良好的感知和体验。

（4）设计任务

参与性设计：将用户和相关利益方纳入设计过程中，确保他们的意见被听取和考虑。通过用户和相关利益方的参与，可以设计出更贴合用户需求和社会环境的产品。

用户界面友好性：设计产品时要注重用户界面的友好性和易用性。简化操作流程，提供清晰的界面指引，使用户能够方便地参与资源再分配的过程，并充分了解他们的权益和选择。

透明度和可视化：通过可视化手段展示资源再分配的过程和结果，增加透明度，让用户了解资源的流动和分配情况。这有助于建立信任感和公正感，以提升公共资源再分配的效果。

（5）技术参考指标

数据驱动设计：通过数据收集和分析，了解公共资源的分配情况和使用模式。基于这些数据，设计师可以制定更合理、更高效的资源再分配策略，并将其应用于产品设计中。

社交互动：设计产品时可以考虑加入社交互动的元素，鼓励用户之间的交流和合作。这样可以促进资源的共享和互助，提高整体资源再分配的效率和公平性。

教育和意识提升：通过产品设计传递关于资源再分配的相关知识和意识，帮助用户更好地理解资源再分配的重要性和机制。这有助于推动社会公共资源再分配的认知和实践。

2.设计过程

（1）背景调研

随着我国城镇居民人口老龄化进程的加快，城市早晚高峰交通日益恶化。政府出台了一系列政策法规去化解老年人出行难的问题，但单靠政府的政策法规无法确保老年人出行权益的改善。所以本次设计尝试通过设计手段来改善老年人出行的体验（图4-48）。

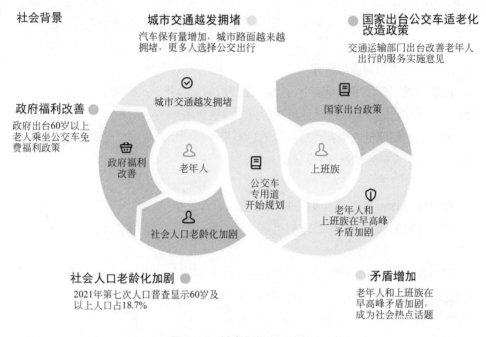

社会背景

城市交通越发拥堵
汽车保有量增加，城市路面越来越拥堵，更多人选择公交出行

国家出台公交车适老化改造政策
交通运输部门出台改善老年人出行的服务实施意见

政府福利改善
政府出台60岁以上老人乘坐公交车免费福利政策

城市交通越发拥堵

国家出台政策

政府福利改善

老年人

公交车专用道开始规划

上班族

社会人口老龄化加剧

老年人和上班族在早高峰矛盾加剧

社会人口老龄化加剧
2021年第七次人口普查显示60岁及以上人口占18.7%

矛盾增加
老年人和上班族在早高峰矛盾加剧，成为社会热点话题

图4-48　社会背景分析示意图

（2）用户调研

老年乘客：公交车对于老年乘客是非常重要的交通工具。有些老年人由于年龄的原因无法独自驾驶私家车，出行的方式以公交车为主。在普通的公交车上经常会出现乘客站不稳的情况，主要原因是把手的分布不合理和座位的分布不合理。乘客上下车时会担心出现"鬼探头"的交通事故。

退休的公交车司机：一位有着几十年的公交车驾驶经验的司机告诉我们，老年人出门乘坐公交车时应该与早高峰时间错开，因为早高峰的拥挤会发生很多意外的情况。她建议政府开通老年人公交专线，小型接驳车为最优选择，因为车型越小，发生交通事故的概率越小（图4-49）。

用户调研

图4-49　用户调研分析图

在公交车站与公交车上对老年人进行随机采访及问卷调查，有63%的老年乘客需要在早高峰的时间段乘坐公交车去早市买菜和送晚辈上学，有42%的老年乘客需要在晚高峰时间段去接晚辈下学。有61%的老年乘客经常乘坐公交车，有12%的老年乘客不经常乘坐公交车。仅有3%的老年乘客认为高处的扶手的布局为合理的设计，12%的老年乘客认为扶手布局不合理。5%的乘客在公交车上遇到过危险，89%的老年乘客没有遇到过危险（图4-50）。

图4-50　调查问卷设计示意图

（3）实地调研

来车提醒：乘客在等车的时候需要紧盯来车的方向，观察来车的情况。对于视力不好的老年人来说，这会造成很大的困扰。应该适当放大报站音量，借鉴地铁的动态电子站牌来提醒老年人（图4-51）。

图4-51 用户调研

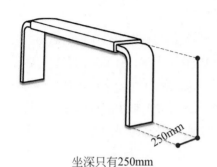

坐深只有250mm

图4-52 产品调研

候车座椅： 现有的候车座椅没有靠背，而且坐深仅有250mm，对老年人不友好。在材料方面，从舒适度、耐腐蚀性、美观和成本方面进行比较，木质加金属两种材料会对老年人友好（图4-52、图4-53）。

公交站的候车亭： 由遮阳/遮雨亭、广告牌、座椅、站牌、灯牌和盲道组成（图4-54）。

站牌文字高度： 通过阅读文献发现老年人的垂直视场角为40°，平均身高为1720mm，平均视线高度为1650mm，如果老人从距离站牌文字1500mm处阅读，应该把站牌文字高度设计为距离地面520mm，高度不超过1890mm（图4-55）。

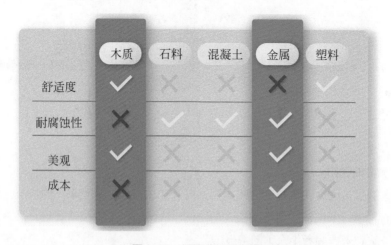

图4-53 调研分析示意图

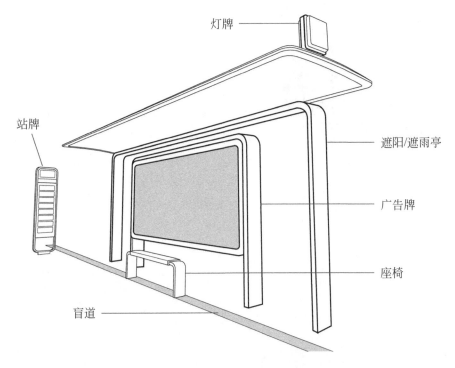

灯牌

站牌

遮阳/遮雨亭

广告牌

座椅

盲道

图4-54　候车亭构成示意图

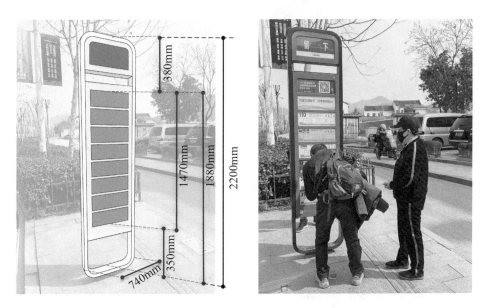

图4-55　站牌构成示意图与使用场景

图4-56 站牌使用场景

站牌文字：只有文字站牌，对盲人和视力不好的老年人不友好，应该加入盲文站牌和音响播报（图4-56）。

站牌字号：公交车站牌字号过小，不便于观看其上的信息。使用北京市公交车常用汉字打印出8种不同字号，让老年乘客在1.5米处阅读，记录下8种不同字号的阅读时间，发现当字号大于等于26号时阅读时间趋于接近，所以选择26号字为最佳（图4-57）。

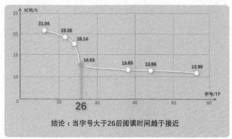

图4-57 字体分析示意图

图4-58 公交车扶手

公交车内扶手：不连贯的扶手存在安全隐患，扶手分布不连贯，老年人行动不便且相对缓慢，所以应该设置连贯的扶手（图4-58）。

上下车高度差：对于腿脚不好的老年人和轮椅使用者，应该消除高度带来的不便，做到无门槛的无障碍通道（图4-59）。

公交车内座椅：由于普通公交车效率优先，使用空间最大化，造成了对座椅空间的挤压。如果设置老年人专用路线，就可以把座椅的人体工程学设计得更符合老年人的需求（图4-60）。

图4-59　无障碍通道

图4-60　公交车内座椅

无障碍设施：一部分老年人腿脚不好，会使用轮椅或者拐杖，根据人体工程数据，轮椅的转动面积为1600～1800mm^2，测举宽度为915～1170mm，抬手高度为1220～1320mm，拐杖的宽度为900～1200mm（图4-61）。

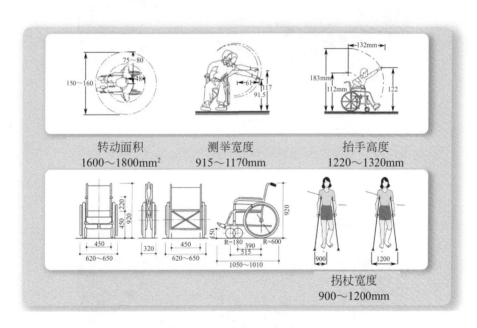

图4-61　人体工程分析示意图

紧急情况：可以设置SOS呼救铃、AED除颤仪和医疗箱，并且应该设置在醒目显眼、好拿取的位置（图4-62）。

图4-62　急救装置

3.设计表现

车身整体造型采用前后分体式的造型设计，以达到方便老年人出行的目的（图4-63）。

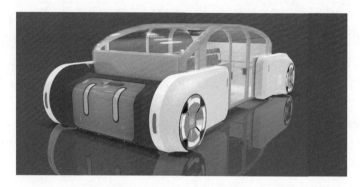

图4-63　公交车设计示意图

（1）无障碍进入

分体式车身可以使车厢与地面贴合，形成无障碍通道，降低被绊倒的可能性（图4-64～图4-66）。

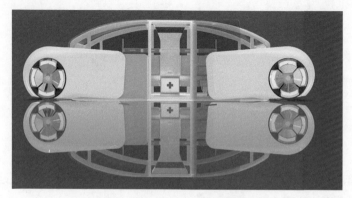

图4-64　公交车无障碍设计示意图（1）

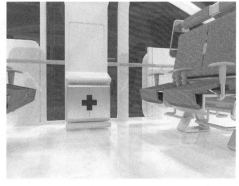

图4-65　公交车无障碍设计示意图（2）　　　图4-66　公交车无障碍设计示意图（3）

（2）座椅

随着年龄的增加，人体的机能随之减弱，老年人在坐下与起身时会显得力不从心，所以设计了一个起身辅助座椅，让腿脚不好的老年人可以更加从容地坐下和站起（图4-67、图4-68）。

图4-67　座椅设计示意图（1）　　　图4-68　座椅设计示意图（2）

（3）扶手

车在行进过程中会很颠簸，断断续续的扶手会使腿脚不好的老年人产生困扰，所以设计了完整连续的扶手，让老年人更好地乘车，即使乘坐轮椅也可以行动自如（图4-69）。

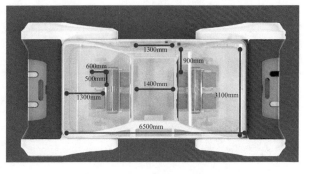

图4-69　扶手设计示意图

（4）紧急医疗箱

健康是老年人的首要大事，在前期调研中发现很多突发事件都是因为没有紧急治疗从而导致悲剧，所以在车厢内设置了紧急医疗箱（图4-70）。

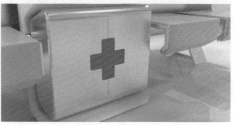

图4-70　紧急医疗箱设计示意图

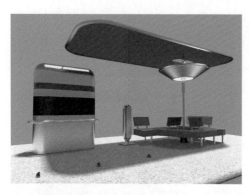

图4-71　站台设计整体效果图

（5）公交车站台设计细节

站台设计整体效果图如图4-71所示。

来车提示： 乘客在等车的时候需要观察来车的情况，这对视力和听力不好的老年人会造成很大的困扰。适当放大报站音量和借鉴地铁的动态电子站牌来提醒老人（图4-72）。

公交站牌： 站牌界面的文字过小会对老年人的阅读造成很大的困扰。前文已确定出了26号为最佳字号。适配老年人的平均身高做出方便老年人使用的公交站牌（图4-73）。

图4-72　来车提示设计示意图

图4-73　站牌设计示意图

紧急医疗箱：与在车厢内类似，在站台设置紧急医疗箱（图4-74、图4-75）。

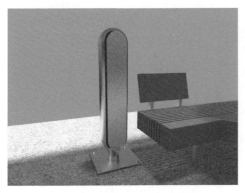

图4-74　站台紧急医疗箱设计示意图

图4-75　站台紧急医疗箱设计展开示意图

4.设计总结

适老化公交系统设计不仅有助于满足老年人的出行需求，也有助于缓解交通压力，促进社会的和谐发展。通过进行适老化的公共交通系统设计，我们可以建设一个包容和谐的社会，关心和尊重不同年龄群体的需求，使老年人能够更好地参与社会活动，享受便利的出行条件。

通过无障碍接驳车的设计，老年人可以更方便地乘坐公交车。同时，引入电子报站、电子站牌和盲文标志可以帮助视力受损的老年人更好地了解公交信息，提高出行的便利性。这些举措旨在解决老年人在公共交通中遇到的问题，提升老年人的出行便利性和舒适感。

后 记

  本书的目标是引导设计师将技术变迁融入人文社会变迁中,以深入思考设计的实践。本书强调设计师的综合思考能力和方法,以适应不断变化的时代需求,并提供了相关的理论和实践指导。在第一篇中,强调设计师应将技术发展与人文社会变迁视为一个整体而非割裂的观点,了解技术背后为用户带来的益处,以创造与时代相适应的设计。第二篇主要探讨了"技术+人文"的研究路径和设计方法,在工业4.0时代提出了相应的设计思维和方法。设计思维的阐述并非仅关注按步骤进行设计,而是强调方法背后的思考,以在今后的设计工作中能够举一反三。设计方法探讨的不仅是传统的设计工具,而且要关注这个时代存在的各种矛盾和冲突,揭示设计方法的核心。

  在编写过程中,本书得到了许多同行的支持和帮助,感谢为整理资料做出贡献的林际通、周志杰、杜鸿君、张迎、王寅超、施佳凯、郁萌、韩一睿等同学。最后,本书难免存在疏漏之处,欢迎读者批评和指正。

参考文献

[1] 克里斯蒂安·曼蔡,李努斯·施劳宜普纳,罗纳德·海因策. 全球背景下的工业 4.0[M]. 李庆党,张鑫,译. 长沙:湖南科学技术出版社,2021.

[2] 克劳斯·施瓦布. 第四次工业革命[M]. 北京:中信出版社,2016.

[3] 5G时代大数据智能化发展研究联合课题组. 迈向万物智联新世界:5G时代·大数据·智能化[M]. 北京:社会科学文献出版社,2019.

[4] Follett J. 未来设计:基于物联网、机器人与基因技术的UX[M]. 寺主人,等译. 北京:电子工业出版社,2016.

[5] 唐纳德·A·诺曼. 设计心理学套装[M]. 北京:中信出版社,2016.

[6] Nakayama T. The Keisho of development technology:The case of the Japanese aircraft industry [J]. Journal of Product Innovation Management, 1997, 14(5):393-405.

[7] 熊丽丽,王诺. 计算机人工智能技术的应用及未来发展探微 [J]. 电子元器件与信息技术,2020,4(6):77-78.

[8] Lee J S. A study on the characteristics of artificial intelligence design cases [J]. Journal of Art and Design Research, 2022, 25(1):1-9.

[9] 王亦子. 物联网产业发展的创新驱动研究[D]. 南京:南京邮电大学,2015.

[10] Ferrer A J, Marques J M, Jorba J. Towards the decentralised cloud:Survey on approaches and challenges for mobile, ad

hoc, and edge computing [J]. Acm Computing Surveys, 2019, 51（6）：1-36.

[11] 刘春荣. 技术变迁下的制造业劳动关系研究 [D]. 北京：首都经济贸易大学，2015.

[12] Romanello R, Veglio V. Industry 4.0 in food processing: Drivers, challenges and outcomes [J]. British Food Journal, 2022, 124（13）：375-390.

[13] 崔志刚. 物联网技术助力智慧城市的发展 [J]. 中国新通信，2019，21（18）：106.

[14] 杨晨曦，李军. 自动驾驶汽车障碍物检测技术综述 [J]. 传感器世界，2022，28（11）：1-6.

[15] 李洁，张瑢，田佳慧. 智能生活视域下体验设计 [J]. 工业工程设计，2022，4（2）：85-92.

[16] 彭淑方. 初探物联网在智能生活中的实际应用 [J]. 数字技术与应用，2021，39（12）：59-61.

[17] 刘东，盛万兴，王云，等. 电网信息物理系统的关键技术及其进展 [J]. 中国电机工程学报，2015，35（14）：3522-3531.

[18] 巨豪，张宏靖. 文艺复兴时期意大利室内设计风格的特点及表现 [J]. 中国建筑装饰装修，2022（18）：103-105.

[19] 张均辉. 启蒙运动对马克思人的本质观的影响 [D]. 南宁：广西大学，2022.

[20] 向书坚，孔晓瑞，李凯. 共享经济统计实践面临的局限性与改进思路 [J]. 统计与信息论坛，2023，38（3）：16-29.

[21] 王振华. 共享经济中制度信任对持续使用意愿的影响机理研究 [D]. 青岛：青岛大学，2022.

[22] 刘洋. 品牌互动营销对消费者忠诚度的影响及边界条件探析 [J]. 商业经济研究，2023（8）：63-66.

[23] 张安. 产品设计的情感价值研究探讨 [J]. 明日风尚, 2018 (4):
    383.

[24] 石小涛, 郭霞, 鲁子涵, 等. 基于感性工学的驾舱座椅CMF研究
    及中式元素设计应用 [J]. 包装工程, 2023, 44 (6): 441-448.

[25] 孙艺文. 消费伦理约束下消费者产品功能需求意向影响因素及作用
    机理研究 [D]. 长春: 吉林大学, 2015.

[26] 苗东升. 论系统思维 (二): 从整体上认识和解决问题 [J]. 系统辩
    证学学报, 2004 (4): 1-6.

[27] 吴建芳. 综合实践活动课程模块化建设探析 [J]. 成才之路, 2023
    (10): 125-128.